손으로 보는 건강법

증상으로 알아보는 쾌속진단

손으로 보는 건강법

이욱 지음

모아북스
MOABOOKS

몸이 보내는 이상신호를 알아채면
건강을 유지할 수 있다

내 첫 직장은 이름만 들어도 알 수 있는 대표적인 건강 관련 선두기업인 P 사다. 군에서 전방 격오지 소대장(R.O.T.C)으로 근무하다 전역할 무렵 건강에 관심이 많던 차에 〈국방일보〉를 보고 접하게 된 회사가 바로 P사였다. 군에서 조직을 운영해본 경험을 바탕으로 건강 관련 식품을 취급하는 주부사원들과 현장에서 지점장으로 10년 이상 활동했으며, 그 후 주부사원을 육성하는 대리점과 관리자를 컨설팅하는 일을 10년 정도 일했다.

이 일을 하는 동안 나는 현장에서 주부사원들이 고객을 만날 때 건강관련 흥미를 유발할 수 있는 이야기꺼리나 고객의 건강을 상담하는 도구의 필요성에 큰 관심을 갖게 되었다.

그래서, 이러한 니즈에 관심을 가지고 다양한 자료와 정보를 수집/분석한 결과 '건강이상시그널' 에 대한 이론적 근거와 실무 사례를 연구하여 국내 최초로 완성하게 되었다. 이를 토대로 건강 관련 컨설팅 회사를 만들어 수년 전부터 건강이상시그널에 대한 강의와 교육을 200여 차례 이상 진행하며 이번에 《손으로 보는 건강법》을 쓰게 된 것이다.

손으로 보는 건강법에 대한 주된 강의처는 풀무원, 유니베라, 김정문알로에, KGC라이프앤진, 이롬 등 건강 관련 기업들과 LG생활건강, 코리아나, 아모레 등 화장품업계와 한화생명, 푸르덴셜, 흥국화재, 알리안츠 등 보험업계, 그리고 대구공무원교육원, 경남도청, 김해시청, 한국남부발전, 해양수산인재개발원 등의 관공서 및 하북농협, 한림농협, 현대해상, 한국능률협회, KAI, CN1 등 일반 기업체까지 다양하다. 200여 차례이상 건강이상시그널 강의를 하고 있으며 강의를 들은 수강생 또한 현재까지 1만 명이 넘는다.

현재까지 몇몇 건강 관련 기업체에서 직원교육을 위한 시청각 교육영상을 꾸준히 제작하여 현장에서 활동용으로 활용하고 있으며 코로나19 때문에 집합교육이 어려운 여건 속에서도 원격강의를 위한 방송자료를 활용한 교육을 진행하는 기업도 상당히 많다.

건강에 대한 니즈와 건강 관리에 대한 다양한 정보가 넘쳐나는 요즘이지만 아직까지 건강이상시그널에 대한 체계적인 방법과 이론적 근거를 보여주는 연구 자료는 그다지 많지 않다.

이에 이 책은 국내 최초로 건강이상시그널에 대한 연구를 바탕으로 집필되었으며 학술적 연구를 바탕으로 한 탄탄한 이론과 아울러 다양한 사례를 곁들여 집필되어 읽는 이로 하여금 흥미유발과 함께 유익함을 동시에 선사할 것이다.

내가 건강이상시그널을 처음 접하고 느낀 놀라움은 정말로 대단했다. 내가 건강기능식품회사 지점장으로 근무할 때 '고객이 병원에 가지 않고도 자기 몸에 나타나는 건강이상시그널을 가지고 상담만 할 수 있다면 얼마나 좋을까?' 하는 막연한 희망을 늘 가지고 있었다.

현장에서 고객과 직접 만나 손이나 귀, 얼굴에 나타나는 건강이상시그널을 가지고 건강에 대한 상담을 하고 식품이나 건강관련제품을 판매할 수 있다면 얼마나 멋지고 좋은 일인가? 요즘 이러한 기대를 현실로 만들 수 있다는 사실에 너무 가슴이 벅차고 행복하다.

20여 년 전 귀로 나타나는 건강이상시그널을 활용한 귀반사 건강법을 처음 접했을 때도 이런 생각이 들었다.

"아, 귀로 건강이상시그널을 읽어낼 수 있구나. 그럼, 내 몸의 다른 부위로도 건강이상시그널을 찾을 수 있지 않을까?"

그런데, 귀로 보는 건강이상시그널은 귀가 가진 제약조건이 많아 불편한 점이 너무 많았다. 우선 귀의 크기가 너무 작고, 장기와 상관관계를 가진 상응 부위를 작은 귀를 통해 찾는 것도 힘들 뿐 아니라 상담하는 사람은 고객의 귀를 보지만, 고객은 자신의 귀를 같이 보지 못하기 때문에 다소 불안해하는 점도 있다는 것이 늘 문제였다.

그래서, 귀 외에 다른 부위를 찾던 중 신기하게도 찾게 된 곳이 바로 손등이었다. 손은 오행을 기반으로 상응하는 장기들이 있었고, 이를 세부적으로 나누어 위치를 찾던 중 많은 시행착오를 통해 드디어 해당 장기들과의 상응부위를 발견하게 된 것이다. 이를 토대로 국내에서 최초로 건강이상시그널에 대한 학문적 발견이 시작되었다. 그리고 드디어 2021년 봄에 국내 유명학술지한국직업건강간호학회지에 '건강이상시그널' 연구논문을 게재할 수 있었다.

건강이상시그널은 우리 몸 전반적인 곳에서 나타난다. 그 중에서도 손과 귀를 통해서 확인하는 것이 가장 쉽고, 재미있다. 이러한 건강이상시그널은 일반인뿐만 아니라 건강/보건/의료관련 종사자에게도 현업에 활용한다면 많은 도움이 될 것으로 생각된다.

나는 강연을 할 때마다 항상 건강이상시그널 이야기를 한다. 청중의 반응은 정말 대단하다. 이 글을 읽는 많은 분도 큰 도움이 될 것으로 생각된다.

건강이상시그널로 내 몸의 질병 원인을 찾을 수 있다

시중에서는 가끔 손의 색깔이나 손톱의 모양, 얼굴색 등으로 건강이상을 알리는 이야기를 칼럼이나 SNS 등으로 소개하곤 한다. 하지만, 이러한 주먹구구식 이야기는 오히려 내용의 진정성이 떨어지고, 깊이도 얕기 때문에 단순히 재미로 보고 그냥 지나쳐버리는 경우가 많다. 그래서 좀 더 깊이 있고 체계적인 연구가 필요하다. 건강이상시그널에는 일정한 패턴이 있고, 이론적 연구가 병행되어야 신뢰성이 높고, 진정성이 보장된다.

이 책은 건강이상시그널에 대한 체계적인 설명과 함께 재미있는 스토리텔링을 추가하여 이해하기 쉽게 정리한 것이 특색이다. 아울러 건강에 관심이 많은 일반인뿐만 아니라 건강과 의료·보건 분야에 종사하는 많은 전문인에게도 실무에서 활용과 응용이 가능한 유익한 내용으로 가득 차 있다. 편하게 읽을 수 있고, 이론적 완성도가 높은 내용이라서 모든 분께 강력하게 추천해드린다.

실무적 검증을 거쳐 국내 유명 학술지에 연구 결과 등재

건강이상시그널은 온몸에서 나타나지만 이론적 완성도가 높은 자료는 이전까지는 '귀반사 건강법' 이었다. 귀반사 건강법은 1950년대 프랑스의 폴 노지에 박사에 의해 현대화되어 현재까지 많은 사람이 귀를 통해 건강이상시그널을 읽고 반응점에 기통석을 붙여 치료를 병행하고 있다. 하지만, 앞에서도 언급했듯이 귀로 보는 건강이상시그널은 귀의 크기와 모양 등 한계점 때문에 실무에 활용하는 데 제약요건이 많다.

이러한 제약요건을 보완하고 더 쉽고 간편하게 건강이상시그널을 확인하기 위하여 최근에는 다양한 시도가 진행되었는데 그 결과물이 바로 《손으로 보는 건강이상시그널》이다. 이론적 완성도를 높이고, 체계적인 연구로 새롭고, 유익한 건강법이 등장한 것이다.

특히, 손이나 손등으로 보는 건강이상시그널은 오행에 근거하고 있으며 오행의 목木, 화火, 토土, 금金, 수水의 상응부위를 찾아 엄지부터 소지까지 연구했으며 이를 이론적으로 검증하였다. 엄지는 간과 연관이 있으며 검지는 심혈관계와 관계가 있고, 중지는 소화기계, 약지는 호흡기계, 소지는 비뇨/생식기와 밀접한 관계가 있다. 그리고, 각 부위에 해당하는 상응점을 찾아 여러 유형을 분석하여 정리한 것이 바로 '손으로 보는 건강이상시그널' 이다.

이론적 근거와 실무적 검증을 거쳐 국내 유명 학술지에 연구 결과를 등재하였으며 이해하기 쉬워 많은 사람이 실천하도록 재정리했다.

내 몸 돌보기, 건강이상시그널로 알 수 있다

건강에 대한 관심은 과거부터 현재까지 모든 사람의 관심 분야였다. 진시황은 막대한 권력과 부를 가지고 있었고 이를 끝까지 쥐고 싶은 욕망에 신하들을 시켜 불로초를 찾아 온 세상을 돌아다니게 했다. 현대는 과학기술과 의료기술이 발달하고, 먹을거리와 영양 상태가 좋아져 사람의 수명이 과거보단 많이 길어졌다.

하지만, 오히려 과한 영양소와 지나친 영양 섭취로 인해 현대병이라고 부르는 당뇨와 비만, 중풍, 암 같은 질병이 증가했 고, 요즈음 생전 보지도 듣지도 못했던 신종 바이러스인 코로나19로 인해 전염병의 위험이 증가하는 추세다. 이런 상황에서 면역의 중요성이 증가하고, 건강에 대한 사전 인식과 예방이 더 중요해 지고 있다.

몸이 보내는 SOS인 건강이상시그널을 우리 스스로 점검하고 통제할 수 있다면 건강을 더 증진하고 관리하는 데 큰 도움이 될 것이다.

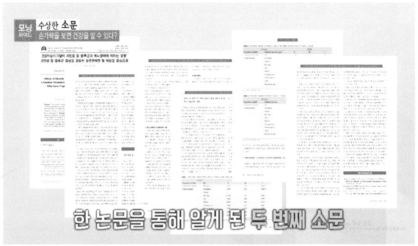

2022년 3월 16일 〈SBS 모닝와이드〉 '수상한 소문' 에 소개된 '손으로 보는 건강법'

건강에 대한 니즈는 현대를 사는 모든 사람들의 숙원이기도 하지만 특히, 건강 관련 업계에 종사하는 사람들에겐 더욱더 중요한 일일 것이다. 그리고 건강 관련 업계에 20년 가까이 종사해본 결과 건강이상시그널을 이해하고, 실무에 활용할 수 있어서 다른 경쟁자들보다 훨씬 더 유리한 곳을 선점할 수 있었다.

　건강 관련 업계는 건강기능식품을 판매하는 방문판매업계뿐만 아니라 요즈음 화장품업계에서도 건강기능식품을 화장품과 함께 취급하고 있다. 또한, 생명보험업계 역시 건강과 질병을 다루고 있기 때문에 실무에서 활용하기에 매우 용이할 것으로 판단된다. 아울러 노인과 장애가 있는 분을 보살피는 보건 분야의 종사자들과 환자들을 대하는 의료 관련 분야 종사자들에게도 많은 도움이 될 것이다.

　이 책을 통해 건강이상시그널에 대한 폭넓은 이해와 함께 실무적인 도움을 동시에 누릴 수 있다면 필자는 정말 행복할 것이다. 다양한 건강관련 스토리와 이론적 완성도가 병행되어 유익한 건강서가 될 것으로 확신한다.

이욱

2장   손과 귀, 얼굴에 나타나는 건강이상 전조증상 유형 10가지

유형 10. 침묵의 장기가 나를 엄습한다

간 건강이상 전조증상

에필로그

1장

내 몸이 보내는 SOS,
건강이상시그널

1. 건강이상시그널이란

   우리는 최근 코로나19로 인한 사회적 거리두기로 인해 사람들 간의 따뜻한 소통이 줄어들고 있고 또한, 심신의 피로감은 나날이 증가하고 있는 외로운 시대를 살고 있다. 이로 인해, 우울증과 같은 정신적인 스트레스가 증가하고, 육체적인 활동의 제약으로 인해 건강상의 문제도 동시에 증가하고 있다.

   "돈을 잃는 것은 조금 잃는 것이요, 친구를 잃는 것은 많이 잃는 것이요, 건강을 잃는 것은 전부를 잃는 것이다." 라는 말이 있듯이… 건강의 소중함은 아무리 강조해도 지나치지 않을 것이다. 건강에 이상이 생기면 다양한 형태의 이상반응을 나타낸다. 허리가 많이 아프면 귀의 딱딱한 부위인 대이륜체의 중간 부위에 혈관이 튀어나오거나 까만색으로 피부가 침착되기도 하고, 자궁 쪽에 문제가 생기면 턱에 뾰루지나 여드름 같은 트러블이 자주 발생한다. 이렇듯 인체의 장기에 이상이 생기면 우리 몸은 건강이상신호를 신체 표면에 나타낸다.

   우리 몸은 건강에 이상이 생기면 손과 귀, 얼굴 등을 통해 다양한 건강이상시그널을 보낸다. 그 대표적인 예가 바로 손등이나 귀, 얼굴에 점이나 검버섯, 뾰루지, 구진 등이다.

- 귀와 손이 보내는 건강이상시그널

현재 건강이상시그널에 대한 가장 많은 연구가 이루어지고 있는 분야는 귀반사 건강법과 수지침이 대표적이다. 귀반사 건강법은 신체 모든 부분은 대뇌의 피질 부분에 반영되어 있으며 신체의 일부분에서 대뇌피질로 감각 신호의 전달과 대뇌피질에서 신체로의 신호전달 과정을 살펴보면 귀와 대뇌, 신체와의 관계를 알 수 있다고 한다.

또한, 수지침은 인체에 질병이 발생하면 이상증세가 신체 표면에 나타나는데 이때 체표면을 직접 자극하지 않고 수지의 14기맥과 345기정혈 중 인체 상응 부위를 수지침으로 자극하는 것으로 이들 모두 우리 몸의 귀와 손바닥 등에 나타난 건강이상시그널을 통해 각 장기의 이상 유무를 확인하는 것이다.

특히, 이 책에서 본격적으로 다루고자 하는 손등으로 나타나는 건강이상시그널은 다양하고, 특이한 형태를 보인다. 그 사례를 살펴보면 손가락 마디가 가늘어지고 좁아지거나 손가락 끝부분이 가늘어지고 휘어지기도 하며 손톱 밑부분이 붓거나 딱딱해지는 등의 다양한 건강 이상 신호를 보인다.

아울러 점이나 뾰루지 등이 나타나기도 하며 검버섯이나 붉은 반점이 특정부위에 생기기도 한다. 이와 같이 손등은 귀와 같이 대뇌의 피질부분과 상호 긴밀한 관계가 있으며 이 같은 상호작용에 의해 다양한 형태의 건강 이상시그널을 나타낸다.

우리 몸의 건강에 대한 이상 신호를 대변하는 시그널을 미리 감지하고, 사전에 충분한 예방과 관리로 대비할 수 있다면 건강과 의료 관련 업계에 종사하는 모든 분들에게도 도움을 줄 것으로 판단된다.

2. 손등으로 보는 건강이상시그널의 이론

- 건강이상시그널 이론의 등장

최근 부산대 연구진저자 포함이 방문판매원 148명을 대상으로 조사한 결과 약지가 유독 얇아 푹 파인 듯 들어간 사람은 '과민성장증후군' 위험이 높은 것으로 나타났다는 〈헬스조선2021년 3월 5일자〉의 보도가 있었다.

과민성장증후군의 주된 악화 요인은 과도한 스트레스와 피로이며 뇌는 피로감을 느끼면 신경전달물질 분비를 변화시키는데 이로 인해 위장관 증상이 나타난다.

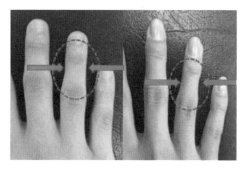

연구를 주도한 이욱 박사는 "과민성장질환은 신경성질환 중의 하나로 신경적 원인이 손가락 신경에도 영향을 미치는 것으로 추측 된다"고 밝혔다.

출처: 헬스조선, 2021년 3월 5일 보도

필자는 2021년 봄에 한국직업건강간호학회지에 건강이상시그널 관련 연구논문 한 편을 국내 최초로 게재했다. 그동안 오랜 기간 현장에서 연구하고 검증한 건강이상시그널 관련 자료 중 과민성장증후군과 배뇨장애 관련 부분을 부산대 의과대학의 조덕영 교수님과 공동연구로 학회지에 실었다논문 제목: 건강이상시그널이 과민성 장 증후군과 배뇨장애에 미치는 영향: 과민성 장 증후군 증상을 경험한 방문판매원 및 여성을 중심으로.

〈헬스조선〉에 같이 게재는 되지 않았지만 요실금에 대한 건강이상시그널도 이번 연구에 같이 게재되었다. 요실금 증상이 있는 환자는 새끼손가락 손톱 끝부분이 휘거나 손톱 밑 부분이 붓는 등의 건강이상시그널이 나타났다. 우리 몸은 건강에 이상이 생기면 그 이상 시그널을 손등과 귀, 얼굴 등을 통해서 보낸다.

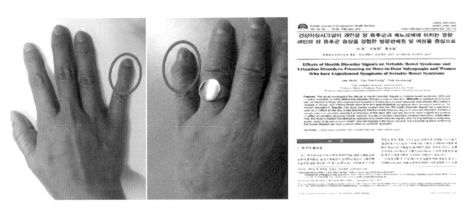

출처: 한국직업건강간호학회지, 2021년 Volume 30, Number 1

- 하인리히 법칙과 건강이상 전조증상

1931년 미국의 한 여행보험회사 관리자였던 허버트 하인리히는 《산업재해예방: 과학적 접근Industrial Accident Prevention:A Scientific Approach》이라는 책에서 대형사고가 발생하기 전에 경미한 사고와 징후가 반드시 나타난다고 했다. 하인리히는 작업장 사고의 88%는 사람의 잘못으로 나타나며 그 중상을 초래한 사고가 1건 일어나면 그 전에 같은 원인으로 경상을 입은 사고가 29건, 부상을 당할 뻔한 잠재적 사고가 300건 발생했다고 했다. 이를 우리는 '하인리히의 법칙Heinrich's Law' 이라고 한다.

우리 몸도 마찬가지다. 경미한 징후가 있음에도 이를 무시하고 방치하거나 우리 몸이 보내는 건강이상시그널을 제대로 이해하지 못하면 돌이킬 수 없는 위협이 닥칠지도 모른다.

건강이상시그널은 이렇듯 우리 몸이 보내는 SOS를 분석/연구하여 정리한 것이며 본 글에서는 손등으로 보는 건강이상시그널을 중심으로 귀와 얼굴이 보내는 시그널을 함께 알아보고자 한다.

- 오행과 건강이상시그널

우리 손등으로 나타나는 건강이상시그널은 손가락의 음양오행陰陽五行에 이론적 근거를 두고 있다.

우주 만물의 생성원리는 음양陰痒과 오행五行으로 구성되어 있는데 음陰

과 양陽의 두 기운은 목木, 화火, 토土, 금金, 수水의 다섯 가지 오행五行을 생성하며 순환하는데 서로 상생하기도 하고, 상극하기도 한다.

이런 음양오행은 손가락에도 적용되는데 다음과 같이 영향을 준다. 엄지는 목木과 관계가 있고, 검지는 화火와 관계가 있고, 중지는 토土에 관계가 있으며 약지는 금金과 관계가 있고, 소지는 수水와 관계가 있다. 목木은 오장의 '간'에 해당되며 화火는 '심장'에 해당되고, 토土는 '비장: 소화기'에 해당되고 금金은 '폐', 수水는 '신장'에 해당된다.

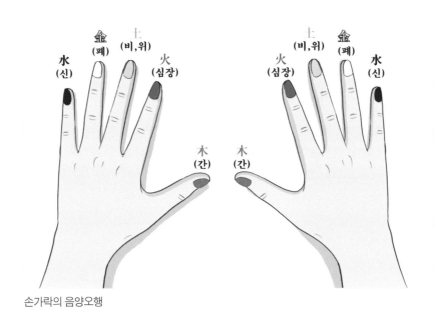

손가락의 음양오행

- 손가락과 오장육부

손가락과 오장육부의 건강은 아주 긴밀한 상관관계를 가지고 있다.

* 손가락과 오장육부의 상관관계는 다음과 같다.

구분	木 (엄지)	火 (검지)	土 (중지)	金 (약지)	水 (소지)
오장	간장	심장	비장 (위)	폐	신장

* 손가락 마디별 상응 부위는 다음과 같다.

해당장기	엄지	검지	중지	약지	소지
오장	간	심장	비장	폐	신장
육부	담	소장	위	대장	방광
기관	간,담	심혈관계	소화기계	호흡기계	비뇨생식기

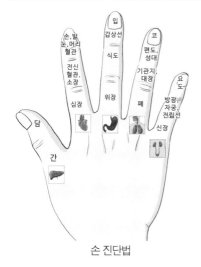

손 진단법

해당 부위를 그림으로 살펴보면 옆 그림과 같다.

- 건강이상시그널의 관찰 요령

다섯 개의 손가락은 각각의 오장과 육부의 건강상태와 아주 긴밀하게 연결되어 있으며 해당부위의 건강이상시그널은 다음과 같은 형태로 나타난다.

〈손등으로 보는 건강이상시그널의 관찰 요령〉

하나, 손가락이 곧고 바르면 건강한 손이다.
둘, 손가락 마디가 튀어나오면 건강이상시그널
셋, 휘거나 뒤틀어진 손가락은 건강이상시그널
넷, 손가락 크기와 색깔이 비정상적이면 건강이상시그널
다섯, 손가락에 상처나 흉터, 피부질환, 점, 검버섯 등이 있으면 해당 장기
의 이상유무를 의심하라.

우리 손은 태어날 때부터 늙어서 사망할 때까지 생로병사를 다양한 시그
널로 보여준다. 갓 태어난 아기일 때는 손이 통통하고 마디도 곧고 반듯하
며 건강한 반면 성인이 되면 손가락이 휘어지고 틀어지기 시작하며 검버섯
과 점, 뾰루지 등이 생기기도 하는데 이러한 과정들이 오장육부의 변화무
쌍한 건강상태를 나타내는 것이다.

3. 손가락으로 기질을 알 수 있다

- 손가락의 길이로 보는 기질 분석

손가락이 긴 사람은 흔히들 게으르다고 한다. 하지만, 게으른 것이 아니라 에너지를 표출하는 기질이 있어 보스 기질이 나타나며 본인이 직접 일을 하기 보다는 타인에게 시키는 것을 더 좋아하는 경향이 있는 것이다.

그 이유는 손가락이 긴 사람은 에너지를 밖으로 분출하는 외향적 기질을 타고 났기 때문이다. 이런 사람들은 자기 주도적이며 대인관계를 주도하는 리더가 많다. 아울러 지시하거나 군림하려는 경향이 강하며 적극적이다.

반면, 손가락이 짧은 사람은 내조를 잘하고, 주변 사람들과 잘 어울린다. 참모형 기질이 있으며 나서기보다는 참고 인내하는 내향적 기질을 가진 사람이 많다. 책임감이 강하고 참을성이 많으며 성격이 신중하다.

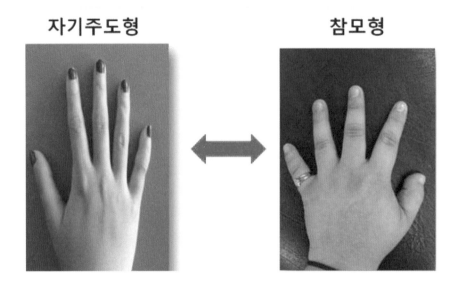

자기주도형   ↔   참모형

- 손가락 두께로 보는 체력과 성향

손가락이 굵은 사람은 오장육부가 왕성하며 식욕이 좋고, 늘 에너지가 넘친다. 반면, 손가락이 가는 사람은 오장육부가 허하며 소화기능이 약하고, 늘 에너지가 부족해 빨리 지치는 경향이 있다.

손가락이 굵고 긴 사람은 에너지가 왕성하며 기세가 좋고, 자기 주장을 잘 굽히지 않는 경향이 있다. 반면, 손가락이 가늘고 짧은 사람은 기가 약하고, 자기 주장을 강하게 내세우지 못하는 경향이 있다.

또한, 손가락이 굵고 길이가 적당해야 건강한 사람인데 이러한 사람들은 오장육부가 건강한 편이나 자기주장이 강한 편이라서 타인을 배려하고 존중하는 훈련이 필요하다.

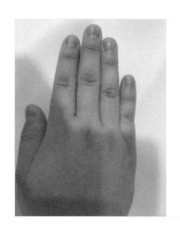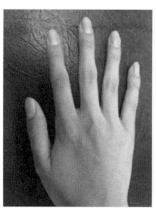

- 아들 낳는 손과 딸을 낳는 손

검지와 약지 길이는 아주 신기한 시그널을 가지고 있다. 가천대학교 길병원과 서울대병원 비뇨기과 공동 연구팀김해범, 김수웅 교수은 비뇨기 질환으로 입원 치료를 받았던 60세 미만 508명남자 257명, 여자 251명을 대상으로 검지와 약지의 길이를 조사한 결과 약지가 검지보다 더 긴 여성은 아들을 낳을 확률이 높았으며, 약지보다 검지의 길이가 더 긴 여성은 딸을 출산할 확률이 더 높았다고 한다. 그 이유를 김태범 교수는 다음과 같이 말했다.

"여성의 손가락 길이 비율 차이가 체내 남성호르몬테스토스테론 수치와 상관성을 가지면서 성 결정에 영향을 미치는 특정한 환경이 조성된 것으로 보인다. 자녀의 성 결정이 남성보다는 여성의 영향을 더 많이 받을 수 있다는 점을 제시한 데 의미가 있다."

캐나다 맥길대학교 연구진은 "검지가 짧고 약지가 긴 남성은 여성에게 부드러운 행동을 하는 경향이 있다"고 했는데 이 역시 약지가 남성호르몬인 테스토스테론의 영향을 많이 받기 때문이며 약지가 더 길면 매력적이고 자상하다는 결론을 내렸다고 한다.

약지가 검지보다 긴 사람은 남성호르몬 영향을 받아 그렇지 않은 사람보다 대체로 적극적이며 활발한 경향이 있다는 것이다.

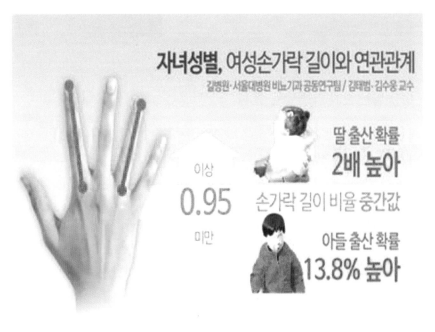

출처: 부산일보, 2015년 11월 25일 보도

영국 스완지대학교의 연구진이 BBC의 인터넷 온라인조사200여 국에서 25

만여 명이 제출한 데이터를 분석한 결과 소득이 평균보다 높은 부모가 낳은 아이들은 약지가 검지보다 상대적으로 더 길었다. 반면, 평균보다 소득이 낮은 부모가 낳은 아이들은 검지가 약지보다 더 길었다. 연구에 참여한 존 패닉 교수는 다음과 같이 설명한다.

"고소득 산모는 임신 초기 에스트로겐보다 테스토스테론 분비가 상대적으로 많아 태아의 남성성이 강해진다. 진화적인 반응으로 남성성이 높아지게 하는 것으로 임신부가 의식하거나 조절할 수 없는 영역이다."

이 현상은 태아의 성별과 무관하게 발생하며 남성호르몬이 많은 부유한 엄마가 낳은 딸은 아들보다 불리할 수 있지만, 진화와 번식 측면만 고려한다면 아들이 취하는 장점이 딸의 불리함을 압도하며 딸의 장점이 아들의 불리함을 상쇄한다는 것이다.

- 손가락만 봐도 식습관이 보인다

노르웨이 아그데르대학교 연구진의 연구중국인 남녀216명 대상에 따르면 검지가 약지의 길이와 비슷하면 주로 고기류를 선택했고, 검지가 약지보다 긴 사람은 주로 채소류를 선택했다. 이런 차이는 역시 남성호르몬인 테스토스테론이 약지의 길이에 영향을 주기 때문이며 약지가 길수록 남성적인 음식인 육류를 더 많이 선택한다는 것이다. 물론 육류를 좋아하는 여성도 많지만 남성호르몬과 육식과의 관계를 증명한 신기한 연구자료이기도 하다.

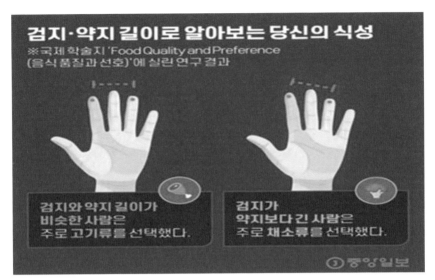

검지·약지 길이로 알아보는 당신의 식성
※국제 학술지 'Food Quality and Preference (음식 품질과 선호)'에 실린 연구 결과

검지와 약지 길이가 비슷한 사람은 주로 고기류를 선택했다.

검지가 약지보다 긴 사람은 주로 채소류를 선택했다.

③중앙일보

출처: 중앙일보, 2021년 2월 12일 보도

- 새끼손가락의 비밀

새끼손가락의 길이도 기질과 함께 스태미너와 아주 밀접한 관련을 가지고 있다.

새끼손가락은 신장/방광의 기능과 아주 밀접한 관계를 가지고 있다. 신장은 부신을 머리에 이고 있는 모습을 하고 있는데 부신과 신장도 긴밀한 관계를 가지고 있다. 부신은 스태미너를 촉진하는 호르몬 분비와 항스트레스 호르몬 분비에도 관여한다. 따라서 신장과 부신/방광의 건강상태는 전반적인 기력과 체력, 스태미너와의 상관관계를 알 수 있는 장기로 새끼손가락을 통해서 이러한 건강이상시그널을 동시에 확인할 수 있다.

새끼손가락을 약지에 붙였을 때 약지의 끝마디보다 위로 길게 뻗어 있는 사람은 체력과 스태미너가 좋고, 활발하고 유쾌하며 열정적인데다 장수할 수 있는 강한 체력의 소유자다. 반면, 새끼손가락을 약지에 붙였을 때 약지의 끝마디보다 아래에 있는 짧은 새끼손가락을 가진 사람은 성격이 조용하고 온순하며 얌전하고 친절하나 체력과 스태미너가 약해 상대적으로 허약한 기질을 나타낸다.

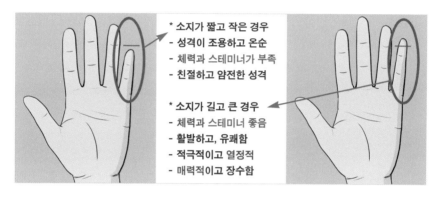

* 소지가 짧고 작은 경우
- 성격이 조용하고 온순
- 체력과 스테미너가 부족
- 친절하고 얌전한 성격

* 소지가 길고 큰 경우
- 체력과 스테미너 좋음
- 활발하고, 유쾌함
- 적극적이고 열정적
- 매력적이고 장수함

손이 두툼한 사람은 대체로 창의적이고 건강하며 뇌의 혈액 순환이 잘되는 편이다. 손이 작은 사람은 이성적이고 분석적이며 조용한 성격의 유형을 띤다.

손등을 보면 주로 4가지의 색깔을 띠고 있다. 흰색, 노란색, 붉은색, 검은색이다. 물론 이 4가지 색 중 2~3가지 색을 동시에 같이 띠는 사람도 있다. 흰색과 붉은색을 같이 띠기도 하고, 노란색과 검은색을 같이 띠기도 한다.

손등이 흰 사람은 대체로 혈액순환이 잘 안 되며 창백한 손이며 빈혈기가 있기도 하다. 노란색을 띠는 손등은 간 기능과 소화기능이 약한 데 그 이유는 간에서 분비되는 노란색을 띠는 '빌리루빈' 이라는 물질이 제대로 대사되지 못해 피부에 침착해서 생긴 결과물이다. 이럴 때 피부가 노란색을 띠게 되며 그로 인해 간 기능 저하나 소화장애 같은 증상이 나타난다.

붉은색 손등을 가진 사람은 몸에 열이 많다. 혈관이 두껍거나 약해지면 그러한 증상이 나타나기 쉬운데 이런 사람은 혈관건강과 심장건강이 약해질 수도 있으니 관심을 가져야 한다. 검은색 손등을 가진 사람은 체내에 노폐물이나 찌꺼기가 남들보다 많이 남아 있어 제때 배출되거나 처리되지 못하면 피부에 이런 산화물질들이 계속 쌓여 검은색을 띠게 만든다. 따라서 이런 사람은 신장/방광의 기능이 떨어져 있는 상태라서 체질 개선을 위한 디톡스나 항산화 영양소를 충분히 공급해줘야 한다.

2장

손과 귀, 얼굴에 나타나는
건강이상 전조증상 유형 10가지

우리 몸은 손과 귀, 얼굴 등을 통해서 다양한 건강이상시그널을 보낸다. 이런 시그널을 읽어내는 방법에 대해선 아직 명확한 이론이나 연구가 정립되지 않았다. 귀에 대한 귀반사 연구와 수지침 등의 연구가 진행된 적은 있으나 신체가 보내는 다양한 SOS를 육안으로 확인하는 방법을 연구한 사람은 많지 않다.

사실 의료장비가 고도화되고, 과학기술이 발전함에 따라 혈액이나 타액, 분비물 등을 통해 다양한 질병에 대한 시그널을 밝혀내고 있지만, 이러한 의료장비의 도움을 받기 전에 간단하게 육안으로 스스로 건강이상시그널을 읽어낼 수만 있다면 질병의 예방 및 관리뿐만 아니라 의료 비용절감에도 큰 도움이 될 것이다.

따라서, 이러한 니즈에 대한 갈망으로 수년간 손등에 나타나는 건강이상시그널을 연구하고, 현장에서 수백 명의 사람을 대상으로 상담 및 실증한 결과 건강이상시그널의 패턴을 분석하여 정리하게 되었다.

우리 손은 다양한 형태의 시그널을 보내고 있었다. 생로병사의 과정을 겪으면서 손가락 자체의 변형이나 이상 또는 점이나 검버섯, 뾰루지, 반점 등의 형태로 지금도 다양한 시그널을 보내고 있다. 이에 엄지부터 소지까지 오장육부가 어떻게 질병에 반응하고 있으며 어떤 시그널을 통해 건강이상을 나타내고 있는지 구체적으로 알아보자.

세계인의 사망원인 1위를 알아본다
혈관계 건강이상 전조증상

1. 일반편

- 400년 전의 미라가 전하는 심혈관 질환의 충격 진실

■ 개요

얼마 전 아주 흥미로운 기사가 사람들을 놀라게 한 적이 있다. 2010년 4월 경북 문경시 흥덕동 국군체육부대아파트 건립 공사 중 17세기 중반 조선시대 것으로 추정되는 묘가 발견되었는데 그 묘의 주인공은 35~50세 사이의 양반집 미혼여성소실,첩의 것으로 추정되었다. 그동안 국내 학계에서는 20세기 들어 한국인의 식생활이 서구화되면서부터 고지방, 고열량식이 원인이 된 비만과 동맥경화로 인해 심혈관 질환자가 본격적으로 증가하기 시작했다는 의견이 지배적이었다. 하지만, 이번 17세기 여성의 묘에서 발견된 사실은 여성의 사망원인이 현대인이 겪는 과식과 운동 부족으로 인한 '동맥경화'의 원인 때문에 추정된다는 것이었다.

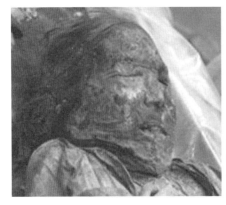

2010년 경북 문경에서 발견 될 당시의 경북 문
경 미라 사진
출처 : 동아사이언스, 2017년 9월 12일
보도 자료

학계에서는 한국인의 비만과 심혈관 질환의 인자가 최근에 발현된 것이 아니라 과
식과 운동 부족, 나쁜 식습관과 스트레스 등으로 인해 오래 전부터 존재했다는 것을
이번 발굴을 계기로 다시 한 번 알게 되었다. 400여 년 전 조선시대 여성의 미라에서
도 발견되는 무서운 심혈관 질환은 다양한 원인이 있겠지만 주로 과식과 과음, 고열
량식, 운동 부족, 스트레스, 노화 등이 주된 원인으로 거론된다.

우리가 먹는 음식이 가끔 약이 아니라 독이 될 때도 있다. 무슨 일이든 과하면 부족
한 것보다 못 할 때가 있다. 음식이나 일이나 적당한 게 좋다.

동맥경화를 유발하는 심혈관 질환을 예방하기 위해선 비만이 되지 않도록 체중과
체지방 관리에 신경을 많이 써야 한다. 그리고 고지방/ 고열량식을 자제하고, 소식과
절식으로 에너지 대사를 관리해야 한다. 아울러 혈관을 건강하게 만드는 DHA와
EPA가 풍부한 등푸른 생선과 견과류 등의 섭취를 늘리는 것이 좋다.

전 세계인의 사망 원인 1위는 뭘까? 바로 심혈관계 질환이다. 심혈관계 질환은 정말 무서운 질병이다. 심장에 이상이 생기면 갑자기 목숨을 잃을 수도 있으며 평생 반신불구의 몸으로 남은 인생을 살아야 할 수도 있다.

그러면 우리나라는 어떨까? 우리나라의 사망 원인 1위는 암이다. 2위는 심장 질환이고 4위는 뇌혈관 질환이다. 그런데, 심장 질환과 뇌혈관 질환을 합치면 심혈관계 질환이 된다. 요즘 부쩍 폐렴환자가 증가 추세에 있으나 아직도 심혈관 환자가 여전히 많은 편이다.

하지만, 우리나라와 달리 전 세계 인구는 심혈관 질환으로 인한 사망자가 여전히 암환자보다 많다. 패스트푸드와 고열량식 등으로 인한 비만과 각종 성인병으로 인해 세계인의 혈관 건강은 위험 수준에 이르렀다. 서구에서는 비만을 새로운 '신종 전염병' 이라고 부르기도 한다.

- 둘째손가락으로 심혈관 질환을 알 수 있다

■ 개요

둘째손가락은 혈관계 관련 건강과 밀접한 관계를 가지고 있다. 오행에 따르면 둘째손가락은 심장인 화火의 장기와 상응하며 심혈관계의 건강과 밀접한 연관성을 가진다.

■ 건강이상시그널

　둘째손가락이 보내는 건강이상시그널은 점이나 뾰루지, 검버섯, 반점, 해당 부위의 위축이나 틀어짐, 가늘어짐, 붓거나 딱딱해짐 등 다양한 형태로 나타난다. 그 부위별 상응 장기를 살펴보면 검지 하단부는 심장, 둘째 마디는 온몸의 혈관, 손톱이 있는 마디는 신체말단부혈관손·발·눈·뇌·머리에 해당되는 상응 부위의 건강 상태를 나타낸다.

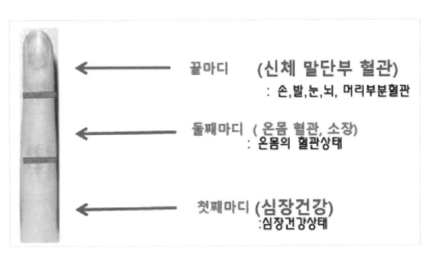

끝마디　**(신체 말단부 혈관)**
　: 손,발,눈,뇌, 머리부분혈관

둘째마디 **(온몸 혈관, 소장)**
　: 온몸의 혈관상태

첫째마디 **(심장건강)**
　:심장건강상태

- 신체말단부 혈관의 건강이상시그널 유형

■ 개요

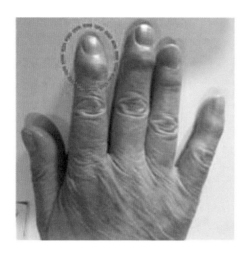

그럼, 손톱이 있는 부위인 둘째손가락 마디 끝부분상응점: 신체말단부위혈관에 대해서 알아보자.

둘째손가락의 상응 부위는 심혈관계인데 그 하단부는 심혈관계의 핵심인 심장에 해당되고, 두 번째 마디는 온몸의 혈관으로써 심장에서 뿜어진 혈관이 지나는 온몸의 통로이다. 마지막 손톱 부위는 신체말단부 혈관손·발·눈·뇌·머리으로 혈액이 최종적으로 닿는 부위를 말한다.

■ 건강이상시그널

신체말단부 혈관손·발·눈·뇌·머리의 상응 부위인 손톱 부위의 건강이상시그널에 대해서 살펴보자. 이 부위는 검지의 끝 부위인데 여기서 나타나는 건강이상시그널은 크게 4가지 유형을 띤다.

〈검지 끝부분의 건강이상시그널 유형〉

〈사례1〉 검지 손톱 끝 부위가 옆으로 휘거나 틀어지는 시그널
〈사례2〉 반점이나 홍반, 뾰루지 등이 생기는 시그널
〈사례3〉 손톱 끝부분이 가늘고 뾰족해지는 시그널
〈사례4〉 손톱 밑부분이 붓거나 딱딱해지는 시그널

* 각 사례별 특징을 살펴보면 다음과 같다.

〈사례1〉 검지 손톱 끝 부위가 옆으로 휘거나 틀어지는 시그널

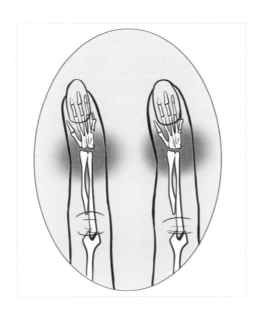

검지 손톱 끝 부위가 옆으로 휘거나 틀어지는 시그널은 신체말단부 혈관손·발·눈·뇌·머리에 혈행 공급이 원활하지 못하다는 시그널로 이 부위가 곧고 반듯하지 못하고 틀어지는 것은 혈행 장애가 생기기 시작했기 때문이다.

이런 증상이 나타나면 손발이 차고, 눈이 자주 침침하고,

머리가 맑지 않으며, 두통이 가끔 오기도 한다. 또한, 불면증이 생기기 시작하여 숙면을 취하기가 힘들며 신체의 말단부 순환장애가 오기 쉽다.

간혹 팔다리를 잃은 환자 중 잘라낸 부위가 보이지 않는데도 아프다거나, 가렵다는 느낌이 들기도 하는데 이는 '유령 팔다리 증후군' 이라고 하여 뇌의 착각 때문에 일어나는 현상이다. 팔다리를 절단하면 팔다리와 연결된 신경세포가 함께 절단되는데 뇌로 연결된 부위는 그대로 남아 있어 신경이 끊긴 부위에서 신호가 발생하면 절단된 부위에서 발생한 신호로 뇌가 착각해서 일어나는 현상이다.

우리 몸은 앉아만 있으면 뇌가 쪼그라든다. 《뇌를 위한 운동법》이란 책을 쓴 존 레이티교수는 공부하기 전이나 회사에서 아이디어 회의 참석하기 전, 달리기 등 유산소 운동을 한 뒤, 하루 중 시간이 날 때마다 스트레칭이나 간단한 몸 풀기를 하라고 했다. 몸을 움직이면 뇌가 같이 운동을 하기 때문에 뇌 건강을 위해선 자주 움직이는 것이 좋다.

〈사례2〉 반점이나 홍반, 점, 뾰루지 등이 생기는 시그널

검지 끝부분에 홍반이나 점, 뾰루지 등이 생기는 것은 신체말단부위의 혈관이 지속적인 자극과 스트레스를 받았다는 흔적이다. 이 부위에 생기는 이러한 증상은 혈관이 각종 자극과 스트레스로 인해 말단부 혈관의 손상이나 변형이 진행될 수 있으므로 각별한 관리가 필요하다.

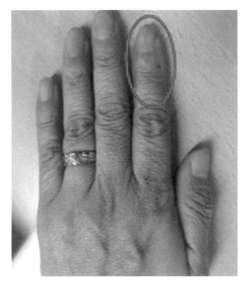

해당 부위에 점이 커진다거나 홍반이 자주 생기거나 하면 신체말단부위인 손, 발, 눈, 뇌, 머리 부위의 혈액 순환이 원활하게 진행되지 못한다는 것을 의미한다.

〈사례3〉 손톱 끝부분이 가늘고 뾰족해지는 시그널

손톱 끝부분이 가늘고 뾰족해지는 시그널은 신체말단부위의 혈관으로 충분한 양의 혈액이 제대로 원활하게 공급되지 못한다는 것이다. 끝부분이 가늘어지는 이유는 혈액 공급 장애가 진행되기 때문이다. 이럴 때 우리 몸

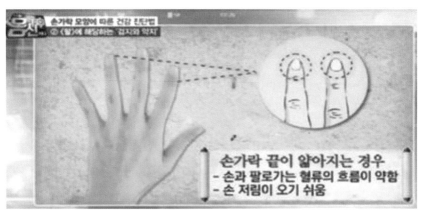

〈 출처: 채널A 나는 몸신이다〉

은 빈혈이나 어지럼증, 머리가 맑지 않고, 눈이 침침해지기 쉬운 증상을 겪게 된다. 손과 발로 가는 혈류의 흐름이 약하기 때문에 쉽게 저림이 오고 신체의 말단부위 혈관이 위축되고 약해지기 쉽게 된다.

〈사례 4〉 손톱 밑부분이 붓거나 딱딱해지는 시그널

손톱 밑부분이 붓거나 딱딱해지는 시그널은 신체말단부 혈관으로 공급된 혈액이 정체되어 갇혀 있다는 신호다. 혈액이 정체되어 갇혀 있으니 혈

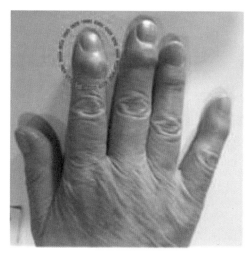

액순환을 방해할 수 있다. 이로 인해 혈행장애가 생기는 것이다. 그런데, 정체된 혈액은 혈관 내에 오래 정체되면 각종 노폐물과 찌꺼기가 같이 쌓여 동맥경화나 혈전을 유발할 수 있으므로 위험하다.

왼쪽 사진과 같이 손톱 밑부분이 부어 있으면 뇌동맥경화나 중풍 같은 증상이 수반되기 쉬우므로 각별히 조심해야 한다.

특히 50대 이상이면 손톱 밑이 붓거나 딱딱해지는 증상에 주의와 관심을 기울여야 한다.

신체말단부 혈관은 심장에서 가장 멀리 있는 부위이지만 가장 중요한 부위이기도 하다. 이 부위에서 원활한 혈액 순환이 이루어지지 않으면 말단부 순환장애가 초래되어 시력 저하나 기억력 감퇴, 손 발저림 등의 다양한 증상이 수반될 수 있다.

이럴 때는 유산소운동을 자주하고, 혈액 순환을 돕는 스트레칭이나 오메가-3 계열의 불포화지방산을 자주 섭취하면 좋다. 나이가 들어도 혈관 관리를 잘한 사람은 손가락도 곧고 반듯하며 건강하다. 항산화 영양소와 DHA, EPA와 같은 오메가-3 계열의 불포화지방산을 충분히 섭취하고, 숨이 차는 운동과 전신운동 등으로 원활한 혈행 개선을 위해 노력해야 한다.

특히, 요즘 시중에선 혈행 개선에 도움이 되는 약과 건기식의 매출이 증가하고 있다. 이런 증상은 그만큼 혈행 장애로 인해 고생하는 사람이 많다는 증거다. 나이가 들수록 혈액 순환에 도움을 주는 식단으로 식생활을 바꿔보는 것도 좋을 듯하다.

해조류와 생채소에는 항산화 영양소와 식이섬유, 미네랄 등이 풍부하여 혈관 건강에 좋으며 견과류와 등푸른 생선은 혈관을 튼튼하게 하는 데 큰 도움을 준다.

이렇게 생각합니다!

검지 끝마디를 통해 신체말단부 혈관의 건강 상태를 알 수 있다. 4가지 유형의 건강 이상시그널이 있었는데, 검지 손톱 끝부위가 옆으로 휘거나 틀어지는 시그널, 반점이나 홍반, 뾰루지 등이 생기는 시그널, 손톱 끝부분이 가늘고 뾰족해지는 시그널, 손톱 밑부분이 붓거나 딱딱해지는 시그널이 있었다. 이럴 땐 신체말단부 순환장애 시그널을 확인한 후 혈행 개선에 도움이 되는 식이요법과 운동요법에 도전해보고, 아울러 혈행 개선에 도움이 되는 약이나 건기식을 병행하면 도움이 될 것이다.

- 검지 끝부분이 삼각형 모양을 띌 때 조심하라!

■ 개요

검지 끝부분이 삼각형으로 독사머리 형태를 보인다면 정말 조심해야 한다. 앞서 이러한 증상이 나타나면 검지의 손톱 끝부분이 가늘고 뾰족해지며 손톱 밑부분이 붓는다고 했다. 마찬가지로 검지 손톱 밑부분은 뇌혈관의 건강 상태와 밀접한 상응 작용을 한다.

■ 건강이상시그널

검지 손톱 밑부분이 유독 붓고, 손으로 만졌을 때 딱딱하게 굳어 있다면 불면증이나 고혈압을 넘어 '뇌경색'을 의심해봐야 한다.

머리 속 혈관인 뇌혈관이 딱딱해지고, 탄력을 잃어 굳어지기 시작하면 뇌혈관 부위에 해당되는 검지 손톱 밑 하단부가 붓고 딱딱해지는 시그널을 보이는 것이다.

이전에 상담했던 66세의 뇌경색 환자어는 검지 손톱 밑 부분이 많이 부어 있고, 딱딱했다. 뇌 혈관에 혈전이 많고, 혈관이 좁아져 쉽게 막힐 수 있는 위험한 상황이었다.

뇌경색 전조증상으로는 오른쪽 눈에 유리알이 떠다니고, 눈에 까만 칠판처럼 앞이 갑자기 깜깜해지는 경험을 했다고 말했다. 이 여성의 뇌경색 원인은 과도한 스트레스가 주범이었다. 스트레스는 정말 만병의 근원이다. 우리는 누구나 스트레스를 받지만, 이를 해소하는 방법은 천차만별이다.

 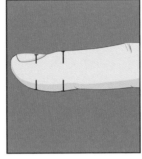 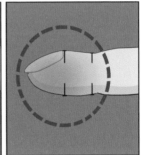

〈환자 사진〉

알기 쉽게 알려드릴게요!

잦은 불면증에 가장 좋은 해결 방법은 기분전환이다. 등산, 수영, 자전거 타기, 조깅 등 유산소 운동이나 헬스 같은 무산소 운동으로 몸 속의 땀을 충분히 빼주는 것도 좋다. 아울러 낮에 가벼운 일광욕이나 산책 등으로 햇볕을 충분히 쬐어주면 이때 체내에 생긴 멜라토닌이 저녁이 되면 도파민으로 전환되어 숙면을 취하는 데 도움이 된다.

나는 스트레스를 많이 받으면 가능하면 침대로 가서 한두 시간 잠을 청한다. 그러고 나면 훨씬 몸이 가볍고 개운하다. 그런데, 많은 사람이 스트레스를 받으면 잠을 청하지 못한다. 열이 나고, 화가 나는데 어떻게 잠이 오느냐는 것이다. 스트레스를 해소하는 방법은 개인차가 있다. 자신에게 잘 맞는 스트레스 해소법을 찾아보고 최소한 한 두 가지는 가지고 있어야 한다. 어떤 사람은 매운 음식을 먹고 스트레스를 해소하기도 한다. 매운 음식을 먹고 나면 우리 몸은 매운 맛의 통증에 반응하여 몸을 보호하는 엔돌핀과 같은 호르몬을 분비한다. 이런 이유로 매운 음식을 먹었거나 힘든 운동 후에 우리가 개운하다고 느끼는 것이다. 각자 다양한 스트레스 해소법을 통해 자신만의 노하우를 하나씩 만들어보자.

◐ 이렇게 생각합니다! ◑

뇌경색은 한 번 발생하면 치료가 힘든 아주 위험한 질병이다. 언어장애나 수족 마비 등 위험한 증상을 야기하기 때문에 사전에 이상시그널을 체크하여 이 부위를 자주 마사지해 주거나 혈행 장애의 원인을 찾아 불포화 지방이 풍부한 식이요법과 취미생활과 같은 기분 전환, 유산소운동이 포함된 운동요법 등을 같이 해주면 도움이 된다.

- 검지를 서로 붙여보면 뇌혈관 장애가 보인다

■ 개요

검지 끝부분은 뇌혈관과 머리, 눈, 손, 발과 같은 신체말단부의 혈관 건강과 아주 밀접한 관계가 있다. 앞서 검지 손톱 밑부분이 붓고 딱딱해지면 뇌경색 우려가 있다고 했다.

이러한 증상을 자가 진단해보는 방법이 바로 아래 그림과 같이 검지 끝 마디부위를 서로 붙여보는 것이다.

■ 건강이상시그널

건강한 사람은 양쪽의 손톱 부위가 잘 붙으며 손톱 간의 각도도 30도 이하로 적다. 하지만, 뇌 혈관에 이상시그널이 있는 사람은 손톱 간의 각도가 크게 벌어져서 육안으로 봐도 그 차이가 크게 나타난다. 손톱 밑부분이 부풀어 모르는 것은 혈액에 존재하는 산소가 줄어들 때 심해지며 뇌경색 위험을 높일 수 있다.

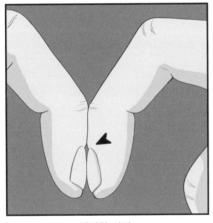
건강한 사람

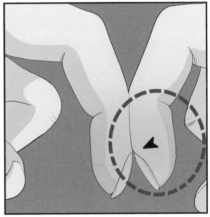
이상이 있는 사람

뇌경색은 무서운 병이다. 뇌졸중이나 언어장애, 수족 마비 등 무서운 증상들을 야기할 수 있다.

위와 같은 증상이 나타난다면 우선 생활습관부터 개선해야 한다. 주 3회 이상 유산소 운동을 하고, 불포화지방이 풍부한 해조류와 생선류를 충분히 섭취해야 한다. 아울러 스트레스 해소를 위한 자신만의 방법을 찾고, 명상이나 요가 등 온몸의 근육을 이완시켜주는 활동을 병행하면 좋다.

우리가 운동을 통하여 흘린 땀은 콜레스테롤과 젖산, 중금속 등 다양한 노폐물을 함유하고 있기 때문에 땀나는 운동을 주 3회 이상 하는 것이 건강에 아주 좋다. 반면, 사우나나 찜질방에서 흘린 땀은 몸속 젖산과 같은 노폐물의 함량이 적은 수분이 대부분이다. 따라서 숨차는 운동을 수반하지 않은 땀은 운동을 통하여 흘린 땀보다 건강에 직접적이고 긍정적인 영향을 적게 준다.

◗ 이렇게 생각합니다! ◖

일본의 한 대학에서 아주 흥미로운 실험을 했다. 평소 건강에 문제가 없는 일반인 1,400명을 대상으로 '한 발로 서기와 뇌경색' 실험을 했다. 한 발로 설 수 있는 시간이 짧을수록 뇌경색 위험이 높았다. 실제로 뇌졸중 환자는 10초가 지나면서 균형을 잃기 시작해 결국 20초를 버티지 못했고, 반면 건강한 일반인의 경우 한 발로 1분도 넘게 서 있었다. 뇌 사진에서 뇌경색이 2곳 이상 발견된 사람의 34.5%가 한 발 서기로 20초를 못 넘겼다. 또, 뇌혈관에 문제가 많을수록 한 발로 버틸 수 있는 시간이 줄었다. 뇌혈관에 미세한 출혈이 있는 사람의 30%도 한 발로 20초 버티는 게 쉽지 않았다고 한다.

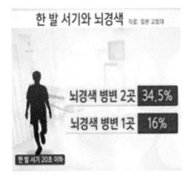

출처 : YTN 한컷뉴스, 2015년 1월 15일
보도자료

뇌혈관을 건강하게 관리하기 위해선 '검지 서로 붙여보기'나 '한 발 서기'와 같은 뇌건강 자가 진단을 자주 해보는 것도 좋다. 아울러 이러한 증상이 나타나기 시작하면 가까운 병원을 찾아가 정밀 검사를 받아보는 것도 좋다. 건강은 건강할 때 지키는 것이 훨씬 더 경제적이며 효과적이다. 자신의 몸을 소중하게 여기며 과식과 과음, 과로 등 우리 몸과 혈관에 무리를 주는 나쁜 습관은 가급적이면 빨리 고쳐야 한다.

- 수녀들의 일기장에서 밝혀낸 치매 예방법

■ 개요

치매를 앓는 부모를 둔 사람은 고통과 고생이 이루 말할 수 없이 크다. 정작 치매를 앓는 부모님 자신은 치매라는 울타리에 갇혀 자신의 모든 네트워크가 차단되어 있다. 요즘 자주 기억이 가물거리거나 신경질과 짜증이 부쩍 늘었다면 치매를 의심해보자.

부모님의 치매가 걱정된다면 정육면체를 그려보게 하라.

입체로 된 정육면체를 치매 증상이 나타나는 사람들에게 그려보게 했더니 많은 사람들이 3차원의 정육면체를 그리지 못했다. 치매 증상이 심해지면 3차원적 사고를 하기가 힘들어지는 것이다.

치매를 유발하는 위험인자 7가지는 다음과 같다.

하나, 신체활동 저하

둘, 인지활동 저하

셋, 당뇨병

넷, 고혈압

다섯, 비만

여섯, 흡연

일곱, 우울증

또한, 항우울제를 오래 복용하면 치매위험이 증가한다. 서울대학교 보건대학원 역학연구실 정경인 교수는 "아세틸콜린은 뇌에서 인지 기능과 기억력을 담당하는데 항 콜린 성분으로 아세틸콜린 기능이 억제되면 치매위험이 증가한다"라고 했다.

대표적인 수녀 연구가였던 미국 미네소타대학교 데이비드 스노던 박사는 일란성 쌍둥이나 수녀를 대상으로 평생 비슷한 유전자나 생활방식을 공유한 사람들을 대상으로 후천적 환경연구를 자주 했는데 그 중에서도 노트르담 수녀학교 출신 678명을 대상으로 언어능력이 노년의 인지 기능 및 치매 발생에 미치는 영향을 연구한 결과는 아주 흥미로웠다. 사용하는 단어 수가 풍부하고, 어휘력이 좋을수록 치매에 적게 걸렸으며 운동을 열심히 하고, 적정 체중을 유지하며 학사학위 이상의 학위가 있을 정도로 배움이 있거나 남아 있는 치아가 많을수록 치매 발생율이 낮았다. 아울러 희망이나 낙관 등 긍정적인 단어를 많이 사용하고 어휘력이 높은 사람이 장수하고 치매도 적게 걸렸다는 것이다.

◗ 이렇게 생각합니다! ◖

치매를 예방하는 방법은 다음과 같다.

하나, 주 3회 이상 꾸준히 숨차는 운동을 한다.
둘, 늘 책과 새로운 정보에 관심을 가진다.
셋, 치아 관리를 철저하게 한다.
넷, 긍정적인 생각을 하도록 노력한다.
다섯, 매일매일 감사하며 보낸다.

- 내 혈관의 건강이상시그널

■ 개요

검지의 둘째마디는 온몸의 혈관 상태를 나타내는 부위다. 심장과 신체말단 부위를 연결해주는 '온몸의 혈관' 인 셈이다.

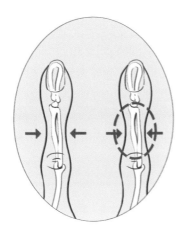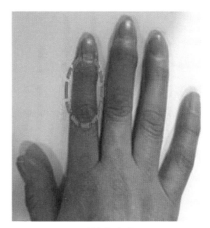

〈환자 사진〉

■ 건강이상시그널

이 부위의 건강이상시그널은 대체로 간단하다. 온몸의 혈관계에 이상이 생기면 검지 둘째 마디가 위축되고 좁아진다.

이런 시그널이 나타난다면 혈액 순환장애가 진행되고 있다는 것이다. 혈관이 좁아지고 딱딱해지면 검지의 둘째마디가 위축되고 좁아지게 된다. 이때 온몸의 순환장애가 진행되는 것이다. 당장 위험한 증상이 나타나지는 않지만, 서서히 동맥경화나 하지정맥류와 같은 무서운 질병을 키우는 주범이 될 수 있다.

알기 쉽게 알려드릴게요!

이런 증상을 보이면 당장 혈관계 건강을 위한 생활습관과 식습관을 개선해야 한다. 우선, 불포화지방산이 풍부한 등푸른 생선과 견과류 섭취를 늘려야 한다. 다음으로, 혈관의 산화와 노화를 촉진하는 활성산소를 줄여야 하는데 이를 위해선 항산화 영양소가 풍부한 생야채와 해조류, 제철 과일, 효소가 풍부한 발효음식 등의 섭취를 늘려야 한다. 아울러 유산소운동과 스트레칭, 요가 등 전신운동을 주 3회 이상 꾸준히 병행해야 한다.

- 중풍(뇌졸중)이 잘 올 수 있는 귀를 가진 사람

■ 개요

중풍뇌졸중은 노년에 자주 발병하는 무서운 성인병이다. 뇌혈관이 막히거나 터져서 몸의 한쪽이 마비되거나 언어장애 등을 초래하는 끔찍한 병이다. 그런데, 요즘 젊은층에서도 뇌졸중 환자가 증가하고 있다. 뇌졸중은 서서히 진행되는 성인병으로 주로 중/노년기에 자주 발생하는 질병이지만, 요즘 식습관이 서구화되어 고칼로리 식단에 운동 부족, 각종 외부 요인들이 결합되어 젊은 세대를 위협하고 있다.

을지병원 신경과 박종무 교수는 젊은 층 뇌졸중 절반이 흡연 때문에 발생했다고 한다. 젊은층의 뇌졸중 환자는 주로 흡연과 고콜레스테롤 식단이 주된 발병 원인이었다. 특히, 젊은층 흡연은 혈관벽을 손상시키고, 혈 중 지질을 산화시켜 동맥경화증의 위험을 가중시키며 염증을 만들어 뇌졸중 위험을 증가시킨다. 게다가 고콜레스테롤/고지혈 식단까지 병행된다면 혈관 건강이 아주 위험해진다.

어떤 사람은 "중국의 덩샤오핑도 하루에 담배를 2갑씩 피웠는데 90세까지 장수했다"고 하면서 흡연은 건강에 크게 문제가 되지 않는다고 우기기도 한다. 하지만, 흡연은 덩샤오핑같이 특이체질을 가진 사람 외에 아주 평범한 체질을 가진 사람에겐 독이 될 수 있다.

어떤 이는 밥 대신 라면만 먹고 80살까지 살고 있다는 사람도 있다. 하지만, 이 사례 역시 특이한 체질을 가진 사람일 뿐 일반인이 라면만 먹고 산다면 건강에 아주 치명적인 위험요인이 될 수도 있다.

중장년층의 뇌졸중 위험요소는 바로 '고혈압' 이다. 혈압이 높으면 혈관벽에 가해지는 압력이 높아져 혈관이 손상되고, 염증이 발생하여 동맥경화 증으로 이어지며 혈당도 높으면 혈전이 잘 생기고 염증이 잘 만들어져 당뇨병 역시 위험하다. 또한, 야간뇨 횟수가 잦을수록 고혈압 위험이 높다.

일본 토호구로사이병원 연구팀 사토 키코나 박사는 2017년 3,479명의 건강검진치료를 토대로 혈압과 야간뇨 빈도의 상관관계를 분석한 결과 야간뇨 횟수가 잦을수록 고혈압 위험이 높았으며 야간뇨 증상은 과도한 소금나트륨섭취와 관계가 있었다고 한다.

노년층은 심장이 불규칙하게 뛰는 부정맥의 일종인 '심방세동' 이 있으면 뇌졸중 위험이 약 4배 정도 높아진다고 한다.

■ 건강이상시그널

이런 뇌졸중도 건강이상시그널이 있다. 바로 뇌졸중이 잘 올 수 있는 사람은 귓바퀴가 붙어있다는 것이다.

귓바퀴가 붙어 있는 귀는 중풍 우려가 높으며 혈액 순환장애와 알레르기에 걸릴 확률도 높다. 이런 귀를 가지고 있는 사람은 혈관 건강에 유의해야 하며 특히, 뇌졸중 관리에 주의해야 한다.

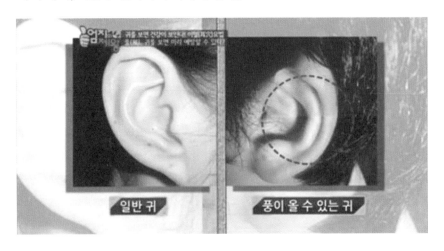

귓바퀴가 붙어 있는 사람이라면 너무 걱정부터 하지 말자.

우선, 아침저녁으로 세안 후 반드시 귀를 위로 10번, 아래로 10번, 옆으로 10번 씩 당겨서 펴주는 것이 좋다. 그렇게 하다 보면 귓바퀴가 마사지도 되고, 자극이 되어 좋다. 그리고, 적정 체중을 위한 비만 관리를 해야 하며 고지방식을 자제하고, 저염식과 금연을 하는 것이 좋다. 아울러, 규칙적인 운동과 긍정적인 생각, 체중 관리 등 자신만을 위한 건강 관리에 시간을 좀 더 가져보는 것이 좋다.

낙천적인 사람은 심혈관계도 건강하다
부정맥 건강이상 전조증상

1. 일반편

- 부정맥과 공황장애

■ 개요

부정맥은 심장의 박동이 부정확하게 뛰는 질병이다. 어떤 요인에 의해 정상적인 심박동 리듬이 깨져 심박동수가 심하게 느려지는 '서맥'이나 심박동수가 비정상적으로 빨라지는 '빈맥' 그리고, 심박동수가 예정보다 한 박자 빨리 나오는 '조기박동' 등 다양한 형태의 부정맥이 있다. 이런 부정맥을 유발하는 가장 대표적인 요인은 스트레스다. 잦은 스트레스나 충격 등으로 인해 자율신경계에 문제가 생기면 부정맥이 생기기 쉽다.

우리가 무언가에 놀라거나 공포감 등에 휩싸이면 심장이 갑자기 쿵쾅거리는 경험을 한 번씩 해봤을 것이다. 이렇듯 심장은 스스로 외부 자극에 대해 자율신경계의 영향을 받아 심박동수를 조절한다.

심장은 스스로 심장을 뛰게 만드는 '자가발전소'를 하나 가지고 있다. 그

발전소의 이름은 '동방결절'로 스스로 심장근육에 전기적 자극을 주어 심장을 뛰게 만든다. 동방결절은 자율신경계의 영향을 받기 때문에 보통 1분에 60~70번 정도 뛰며 외부 자극에 의해 심박동이 빨라지거나 느려지면 곧 스스로 정상적인 심박동을 유지할 수 있도록 자율신경계가 통제한다.

필자는 야구에 상당한 관심이 있는 야구팬인데 야구선수 중에 부정맥 때문에 고생하다 사망한 선수도 있다. 2000년 당시 롯데 자이언츠의 포수였던 임수혁 선수는 평소 부정맥이 있었던 것 같다.

당시 LG 트윈스와 경기 중 갑자기 쓰러져 혼수상태가 되어 10년이나 병원에 입원했다. 당시만 해도 야구장마다 지금처럼 응급상황에 대비한 구급차가 준비되어 있지 않은 때라서 경기 중에 갑자기 쓰러진 임수혁 선수는 제때 응급조치를 받지 못해 혼수상태가 되어버렸다. 그렇게 10년 가까이 입원해 있던 임선수는 2010년 2월 7일에 사망했다. 그 사건 이후로 각 구장마다 구급차가 배치되었다.

이런 부정맥과 비슷한 증상을 보이는 질병이 하나 더 있다. 그것은 바로 '공황장애'다. 얼마 전 '컬투쇼'를 진행하던 유명MC가 공황장애 증상이 있어 하차한 사례도 있었듯이 스트레스를 많이 받는 직종에 근무하는 사람은 외부의 압박과 자극 때문에 심장관련 질환을 호소하는 경우가 더러 있다.

부정맥과 공황장애는 증상이 비슷해서 상당히 많은 사람이 부정맥을 공황장애로 착각하는 경우가 많다. 부정맥은 장소와 상관없이 증상이 나타나지만 공황장애는 폐쇄공간이나 공포감, 기절 등이 동반되는 질병으로 차이가 있다.

그래서 심장이 불규칙으로 뛰는 부정맥 환자가 자신을 공황장애 환자로 착각하는 사례가 종종 있는 것이다. 부정맥 환자가 공황장애로 착각하여 항우울제나 항불안제를 복용하면 소화 장애나 어지러움, 성기능 장애 등의 부작용이 나타날 우려가 높다. 혹시 심장이 불규칙적으로 뛰는 경험이 있다면 가까운 병원에 가서 정확한 진단을 받아보는 편이 낫다.

- 평소 심장이 빨리 뛰는 사람은 조기 사망할 수 있다

■ 개요

서울의료원 순환기내과 손관협 과장은 "심장이 빨리 뛰는 사람은 교감신경이 흥분된 상태로 혈관이 수축되면서 혈압이 높아지는 등 심혈관 질환 위험이 높아진다"고 했다. 심장이 빨리 뛰는 사람은 심장 부담이 증가해 조기 사망 위험이 증가한다는 것이다.

스웨덴 예태보리대학 연구팀은 1943년에 태어난 남성 798명에게 1993년부터 2014년까지 약 10년 단위로 세 번에 걸쳐 심박수와 심전도를 검사했다. 그 결과 심박수가 분당 75회 이상인 자는 분당 55회 이하인 자보다 사망률과 심혈관 질환 발생율이 모두 약 2배 정도 높았다. 심박동수가 분당 1회 증가 시 사망위험은 3% 증가하였고 심혈관질환 위험은 1% 증가했다. 심박동수가 10년간 안정된 사람은 심혈관 위험이 40% 낮았다.

◑ 이렇게 생각합니다! ◐

이렇듯 잘 흥분하는 성격을 가진 사람은 심장이 빨리 병들 확률이 높다. 심장은 근육 덩어리로 이루어져 있다. 급하게 빨리 심장을 뛰게 하면 심장이 지쳐서 빨리 병에 걸리기 쉽다. 기왕이면 느긋하게 생각하고, 여유를 가질 수 있는 명상 같은 훈련을 자주해보면 어떨까?

너무 경쟁적이거나 공격적인 성향을 가진 사람은 심장이 상하는 경우가 많다. 좀 더 양보하고, 서로 상생하는 방법을 찾는 노력을 하는 게 심장과 정신건강에도 도움이 된다.

- 귓불주름과 부정맥/치매 건강이상시그널

■ 개요

경희대학교병원 신경과 이진산 교수팀은 '대각선 귓불주름과 인지기능장애와 연관성'에 대해 연구 논문을 〈사이언티픽 리포트〉 저널에 발표했다. 이 논문의 핵심은 귓불에 주름이 있으면 치매 위험과 부정맥 위험이 높다는 것이다. 이진산 교수는 "대각선 귓불주름은 허혈성 심장 질환, 부정맥, 고혈압, 당뇨 등과도 관련이 있으며 인지기능 장애와의 연관성을 밝힌 것은 이번이 처음" 이라고 했다.

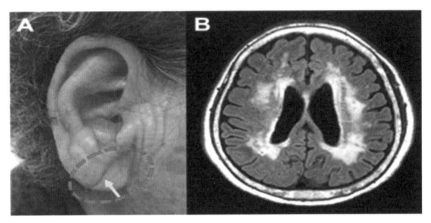

출처 : 세계일보, 2017년 11월 13일 보도자료

치매 전단계인 경도 인지장애와 치매 환자에게서 '대각선 귓불주름' 이 정상인보다 높은 빈도로 관찰되었다는 것이다.

연구팀은 정상인 243명과 인지장애가 있는 환자알츠하이머성, 혈관성 471명에서 대각선 귓불주름을 관찰해 다각도로 분석했더니 정상적인 노인의 44%가 대각선 귓불주름을 보인 반면 치매 환자군에선 59.2%로 유의미하게 높은 현상이 나타났다는 것이다.

대각선 귓불주름은 혈관성 치매의 원인인 대뇌백질변성의 심한 정도와 알츠하이머 치매의 원인인 베타-아밀로이드 양성률과도 밀접한 상관관계를 보였다고 했다.

■ 건강이상시그널

이렇듯 귓불에 주름이 생기는 건강이상시그널은 심장기능 저하와 깊은 관계가 있으며 특히, 심장기능 저하로 인한 부정맥과 허혈성심장질환 및 치매까지 혈관성 질환 발병을 예견할 수 있는 아주 중요한 시그널이다. 사람들은 나이가 들면 자연스럽게 귓불에 주름이 생기는 게 아니냐고 흔히 말한다. 하지만, 위의 연구에서 살펴봤듯이 귓불 주름은 상당히 무서운 질병의 전조증상이며 누구나 나이가 들었다고 해서 모두 생기는 현상은 아니다. 귓불 주름과 같은 건강이상시그널이 생기기 시작하면 혈관 건강을 다시 한번 더 챙겨봐야 한다.

알기 쉽게 알려드릴게요!

귓불에 주름이 생기는 시그널이 나타난다면 조석으로 귀를 당겨서 펴주는 맛사지를 해주는 것이 좋으며 아울러 부정맥이나 치매 같은 무서운 질병으로 악화되지 않도록 식이요법과 생활 습관을 개선해야 한다.
오메가-3 계열의 불포화지방산이 풍부한 견과류와 생선 등을 자주 섭취하고 음식을 통한 섭취가 힘들 때는 건강기능식품을 병행하는 편이 좋다. 아울러 규칙적인 운동을 주 3회 정도 진행하고, 비만이 되지 않도록 체형 관리와 체질 개선을 해야 한다.

- 키가 클수록 부정맥 위험은 증가한다

■ 개요

키가 큰 사람은 키 작은 사람의 설움을 잘 모른다. 필자는 50대 남성으로서 대한민국 남성의 평균 키인 173cm인데 주변 지인 중 키가 180cm가 훨씬 넘는 키가 큰 사람이 더러 있다. 이들은 옷을 입어도 맵시가 나고 더 멋있어 보일 때가 가끔 있다. 키 큰 사람은 키가 작은 사람들이 느끼지 못하는 윗 공기의 신선함을 더 많이 향유하고 있을지도 모른다.

그런데, 미국 펜실베니아대학 연구팀이 성인 120만 명을 대상으로 키와 부정맥 간의 상관 관계에 대한 재미있는 조사를 한 내용이 관심을 끈다.

"키가 1인치2.54cm 증가할 때마다 부정맥 발병률이 3%씩 증가했다"는 것이다. 키가 클수록 신체 곳곳에 혈액을 보내기 위해 심장 부피도 함께 커져 심장이 커질수록 문제가 생길 수 있는 부위도 함께 증가해 부정맥 발병률이 높아진다는 것이다.

키가 클수록 심장이 무리해 부정맥 가능성이 커지는 것이며 부정맥 유전력이 있고, 신장이 크다면 심장 검사를 정기적으로 받아보라는 것이다.

■ 건강이상시그널

부정맥으로 만들어진 혈전은 뇌동맥, 경동맥, 심장동맥 등 '큰 혈관'을 침범할 위험이 크며 이때 치료가 어렵고, 예후가 나쁜 뇌졸중, 심장마비 등을 유발하기도 하므로 각별히 관심을 가져야 한다. 실제로 부정맥이 있으면 뇌졸중 발병 위험이 5배로 높아진다고 한다.

◗ 이렇게 생각합니다! ◖

키가 크다고 꼭 좋은 것만은 아니다. 키 작은 사람들은 상대적으로 심장이 겪는 부담과 스트레스가 적어 키가 큰 사람보다 더 건강한 심장 상태를 유지할 수 있다. 키가 작아서 고민인 사람들은 자신감을 가지시길 바란다.

- 낙천적인 사람이 심장마비 위험이 낮다

■ 개요

낙천적인 사람이 건강한 이유는 아주 다양하다. 그중에서 몇 가지를 살펴보면 다음과 같다.

하나, 다른 사람보다 더 적극적으로 건강을 관리한다. 자기애와 자존감이 높다.

둘, 스트레스에 유연하게 대처한다. 낙천주의자는 감정 조절을 잘해 자신을 스트레스로부터 더 잘 보호한다.

셋, 장수유전자 '텔로미어'를 보호하는 능력이 더 크다. 면역력과 항상성이 비관적인 사람보다 더 높다.

◗ 이렇게 생각합니다! ◖

낙천적인 성격을 가진 사람은 심장마비나 뇌졸중 등의 위험도 낮다는 연구 자료가 있다. 미국 세인트루크병원 앨런 로잔스키 교수가 23만 명을 14년 간 추적 조사한 결과에 따르면 낙천주의자는 뇌졸중과 심장마비에 걸릴 확률이 그렇지 않은 사람보다 35%나 낮고, 암이나 치매, 당뇨병 등 다른 질병으로 사망할 확률도 14%나 낮았다는 것이다.

"낙천적이 성격이 주는 건강 효과는 10대부터 90대까지 모든 연령대에서 동일하게 나타났으며 보스턴대학교 연구에서 낙천주의자는 85세 이상까지 장수할 확률이 비관론자보다 훨씬 높았다"는 것이다.

이왕이면 좋은 쪽으로 생각하는 마음가짐이 건강에도 똑같이 작용하고 있다. 매사 공격적이고 비관적인 사람은 오히려 건강을 해칠 수 있다. 양보하는 마음, 이해하는 마음, 배려하는 마음으로 낙천적인 생각을 하도록 노력해보자.

- 스트레스가 부정맥을 부른다

■ 개요

부정맥의 가장 큰 요인은 스트레스다. 과도하고 잦은 스트레스는 자율신경계를 교란시키고, 이로 인해 흐트러진 자율신경계의 영향을 받은 심장의 자가발전소는 리듬이 깨져 부정맥이 된다. 심장의 박동은 심장근을 수축하는 데 관여하는 전기적 자극의 전달체계로 자동성을 가지며 자율신경계의 영향을 받는다. 이런 심장의 심박동 리듬이 깨지면 부정맥이 생기는 것이다.

심장은 스스로 멈추거나 빨리 뛰게 강제로 통제할 수 없다. 이것은 심장박동이 자율신경계의 지배를 받고 있기 때문이며 우리가 흥분하거나 운동을 할 때는 자율신경은 아드레날린을 분비해 심장 박동을 빠르게 하며 긴장이 풀어지거나 움직이지 않을 때는 아세틸콜린을 분비해 심장 박동을 느리게 조절한다. 심장은 적당량의 영양분과 에너지원이 있을 때는 자율신경과 연결되어 있지 않아도 스스로 박동을 계속할 수 있다. 그 이유는 동방결절이란 근육세포가 일정한 간격으로 전기자극을 일으키기 때문이며 사고 등으로 신경 작용에 이상이 생겼을 때도 심장이 뛰는 것은 바로 이 동방결절의 작용 때문에 가능한 것이다.

자율신경계를 교란시키는 잦은 스트레스와 불 같은 성격 등은 심장 박동에 나쁜 영향을 미친다. 스트레스는 가급적 안 받는 것이 좋지만, 복잡하고 바쁜 현대를 사는 사람들이 스트레스를 안 받을 수는 없고, 기왕이면 당일 스트레스를 제때 푸는 자신만의 방법을 개발하여 활용하는 것이 좋다. 스트레스는 가급적이며 그날 풀고 잠자리에 드는 편이 좋다. 마음 속에 쌓아두지 말고, 자신에게 잘 맞는 해소법을 찾아 침대에 눕기 전에 풀어버리는 것이 좋다.

요즘같이 코로나19로 인한 비대면 시기에 주변 사람들과 대면할 기회가 적어진 만큼 예전처럼 좋은 친구와의 만남 등으로 인한 대면에 의한 스트레스 해소 방법 대신 더욱 더 다양한 스트레스 해소법을 찾아야 한다. 가령 땀나는 운동이나 달리기, 영화 보기, 전화로 수다 떨기 등 혼자만의 해소 방법을 찾아보는 것이 좋다.

노기가 사람을 죽인다
화병 건강이상 전조증상

심장 관련 질환 중 심근경색은 가장 무서운 질병이다. 정말 갑자기 숨이 멎고, 고통스럽게 사망할 수도 있다.

이전에 TV에서 씨름선수 박광덕 선수의 이야기가 방영되던 걸 본 적이 있다. 박광덕 선수는 몸무게가 198kg나 나가는 거구에다 술과 담배를 즐겼다고 했다. 그런 그가 20대에 심근경색이 왔었다는 것이다. 심근경색 당시 혈관이 심하게 막혀 있어 수술을 바로 하지 못했고, 혈전용해제를 투입한 뒤 수술을 했다고 한다. 당시 수술을 집도했던 의사는 "급사 안 한 게 다행이다"고 했다.

이렇듯 심근경색과 같은 심장 질환은 남녀노소를 가리지 않고 생명을 위협하고 있다. 특히, 비만하거나 술과 담배를 많이 하고, 스트레스가 많은 일을 하고 있다면 심근경색을 주의해야 한다.

심장을 건강하게 만드는 가장 좋은 방법은 흔히 말하는 '심장 상하는 일속 상한 일'을 줄이는 것이다. 스트레스는 심장 근육에 아주 나쁜 영향을 준다.

심장 근육을 자주 자극하여 심장 근육이 딱딱해지는 결과를 야기할 수도 있다. 아울러 콜레스테롤과 기름기가 많은 음식을 자제하고, 담백하고 효소가 풍부한 음식을 자주 섭취하는 것이 좋다.

1. 일반편

- 심혈관 질환 자가진단법

■ 개요

심혈관계 질환은 심장과 주요 동맥에서 자주 발생하는데 심혈관계 질환의 주된 원인은 동맥경화증이나 고혈압, 고지혈증, 당뇨병, 흡연, 음주, 비만과 운동 부족 등이다. 심혈관계 자가 체크리스트를 하나 소개하니 자신에게 몇 개쯤 해당되는지 확인해보자.

* 심혈관계 체크리스트 13

하나, 코를 많이 곤다.

둘, 40대 이상이면서 담배를 피운다.

셋, 손발이 자주 저리고 차다.

넷, 만성피로가 심하다.

다섯, 이유 없이 피부에 트러블이 잘 생긴다.

여섯, 뒷목이 항상 뻐근하고 두통이 잦다.

일곱, 순간적인 다리 풀림 증상을 가끔 경험한 적이 있다.

여덟, 어지러움 증상이 가끔 있다.

아홉, 육식을 즐긴다.

열, 시력이 떨어진다.

열하나, 순간적인 언어장애를 경험한 적이 있다.

열둘, 가족 중에 심혈관 질환자가 있다 (조부모까지).

열셋, 갱년기 이후의 여성이다.

이 중 3가지 이상 해당사항이 있다면 지금 당장 심혈관 관리를 시작하라. 만약, 6가지 이상 해당사항이 있다면 반드시 병원 검진을 받아보자.

- 제2의 심장, 종아리만 잘 주물러도 심장 건강에 좋다

■ 개요

발바닥과 함께 제2의 심장으로 불리는 곳이 바로 종아리다. 심장에서 가장 멀리 떨어진 발까지 퍼진 혈액을 심장으로 되돌려보내는 데 종아리의 역할이 아주 크다. 따라서 만성 부종이나 냉증, 손발 저림 등의 혈액 순환 저하로 인한 각종 증상이 있을 때 '종아리 마사지'를 해주면 증상 완화에 큰 도움이 된다.

강동 경희대병원 재활의학과 김동환 교수는 "혈액이 온몸으로 잘 공급되는 것도 중요하지만 인체 구석구석의 노폐물과 이산화탄소를 싣고 심장으로 잘 들어가는 것도 전신 건강을 결정짓는 중요한 열쇠"라고 했다. 아울러 걷거나 뛸 때 종아리 근육과 힘줄이 움직이면서 하체의 혈액이 심장으로 들어간다고 했다.

반대로 오랫동안 움직이지 않으면 가장 문제가 되는 신체 부위도 종아리다. 종아리를 안 움직여서 혈액 순환이 제대로 되지 않으면 혈액이 뒤엉켜서 혈전(피떡)이 생성된다.비행기를 오래 탈 때 생기는 '이코노미증후군'도 앉은 자세로 종아리를 오랫동안 움직이지 않아 생긴다. 혈전이 생겨 사망에 까지 이를 수 있는 무서운 질병이다.

종아리 마사지는 잠들기 전에 각 동작을 5~10분씩 반복해주면 좋다. 주무르는 방향은 아래에서 위로 향해야 한다. 그래야 발쪽의 혈액이 종아리를 거쳐 심장으로 되돌아갈 수 있기 때문이다.

종아리 마사지 방법은 크게 4가지다. 약간 아픈 정도로 누르면 더 좋다.

하나, 손바닥으로 아킬레스건부터 무릎 뒤쪽까지 쓸어준다.

둘, 종아리 안쪽(복사뼈부터 무릎 안쪽을 향해)을 엄지손가락으로 꾹꾹 눌러준다.

셋, 무릎을 세워 양손으로 아킬레스건과 무릎 뒤쪽의 중간 부분을 누른다.

넷, 종아리 바깥쪽(복사뼈부터 무릎 바깥을 향해)을 눌러준다.

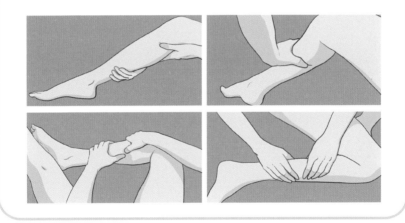

집이 아니더라도 종아리 마사지가 가능한 곳이면 의자에 앉은 상태에서 한쪽 다리를 꼬듯 올려 반대쪽 무릎에 종아리를 갖다댄다. 무릎을 이용해

종아리를 꾹꾹 누른다는 느낌으로 올린 다리를 위아래로 움직이면 좋다. 양쪽 각각 30초~1분간 진행하면 좋다.

- 노기(火)가 사람을 죽인다

■ 개요

우리는 가끔 치밀어오르는 분노와 화火 때문에 어쩔 줄 몰라 할 때가 종종 있다. 필자는 프로야구 열성팬으로 내가 응원하는 팀이 정말 어이없는 실수나 전략 미스 등으로 패할 때 경기 전 가졌던 기대감이 오히려 분노로 변해서 화가 날 때가 가끔 있다. "내가 감독이라면, 내가 선수라면 절대 저렇게는 안 할 텐데" 하면서 화를 참지 못하고 터뜨리곤 한다. 우리가 화를 낸다는 것은 그 사람의 성격과도 관계가 있지만 주변 환경이나 기대감, 자극 등이 결합된 복합적인 현상이다.

■ 건강이상시그널

서울 아산병원 심장내과 최기준 교수는 "분노나 화가 날 때 가장 타격을 받는 장기는 바로 심장이다"고 했다. 우리가 정말 화나고 기분이 좋지 않을 때 예부터 "속이 상한다"는 표현을 자주 써왔듯이 여기서 속은 심장이나 위장을 대표하는 것 같다. 속 상할 때 심장이 망가지지만 아울러 위장도 같이 망가지기 쉽다. 스트레스를 받거나 화가 나면 밥맛이 없고, 소화가 안 되는 것은 위장이 일을 하지 않고 쉬고 있기 때문이다.

분노가 일어난 상태에서 운동을 하면 어떨까? 오히려 급성심근경색 위험이 증가한다. 미국에서 발표된 전 세계 52개국 12,461건의 심근경색 사례의 분석에 따르면 심근경색을 유발하는 고혈압과 당뇨병 등 내적 원인과 별개로 분노는 심근경색을 유발하는 외적 요인이라는 것이다.

고대 구로병원 순환기내과 최철웅 교수는 이렇게 말한다.

"축구 인기가 높은 유럽에서는 월드컵 시즌에 축구 응원을 하다가 분노해 심근경색으로 사망하는 사망자가 종종 있다. 극도의 감정적 흥분과 화 때문에 생기는 '스트레스성 심근증'이라는 병도 있다. 위급한 상황에 대처하기 위한 자연스러운 생리학적 변화이지만 이런 자극을 감당할 수 없을 정도로 과도한 변화가 나타나면 혈전이 심장 혈관을 막는 심근경색이나 부정맥 등의 질환이 발병한다."

캐나다 컨커디어대학교 연구팀은 분노에 대해 59세부터 93세의 226명을 대상으로 아주 흥미로운 설문조사를 했다. 그 결과 고령자일수록 화가 많으면 암이나 당뇨병 등의 발병률이 증가했다.

80세 이상 고령층에선 분노를 많이 느낄수록 염증지표인 인터루킨6의 수치가 남들보다 3배 이상 증가했다는 것이다. 이 수치가 높을수록 암이나 당뇨병 등의 발병률도 증가한다. 분노를 잘 느끼는 노인의 심혈관 질환, 관절염, 당뇨병 같은 만성질환 보유율이 그렇지 않은 사람보다 약 1.5배나 높았다. 노인의 분노는 심리적·부정적 영향을 젊은 층보다 더 크게 미쳤다.

* 화나 분노 조절에 도움이 되는 방법을 소개하면 다음과 같다.

하나, 화가 날 때 손을 씻어라. 화 날 때 손을 씻는 것은 화를 씻는 효과가 있다는 연구 결과도 있다.

둘, 꼭 물을 마셔라. 화 날 때 마시는 물은 걸쭉해진 혈액을 묽게 만들어준다.

셋, 물과 함께 우유나 칼슘이 풍부한 음식을 먹어라. 신경 안정에 도움이 된다.

넷, 화가 난 사람이나 화가 났던 장소를 벗어나라. 눈에서 멀어지면 마음도 진정된다.

이렇게 생각합니다!

듀크대학의 윌리엄스 박사는 저서 《노기가 사람을 죽인다》에서 화를 잘 내는 사람의 50세 이전 사망확률이 '낙천적인 사람의 5배' 나 된다고 했다.

엘머게이츠 박사의 연구 결과에서도 "한 사람이 1시간 동안 화를 내면 80명을 죽일 수 있는 무서운 독소가 발생한다"는 것이다. 그는 화를 낼 때와 슬퍼할 때, 후회할 때, 기뻐할 때 등 각각의 숨을 채취하여 냉각한 후 침전물 색깔을 분석하였더니 다음과 같은 결과가 나타났다.

감정	색깔	성분	영향
화를 낼 때	밤색	강력한 독소 화학물질 증가	수분 만에 사망
슬퍼할 때	회색	독소 화학물질 증가	
후회할 때	분홍색	독소 화학물질 증가	
기뻐할 때	청색	엔돌핀 증가	활력 증가

우리가 무심코 내뱉는 분노의 말이 정말 엄청난 독소를 함유하고 있다고 하니 무섭고 놀라운 일이 아닐 수 없다. 미국 하버드대학교 보건대학원의 연구에 따르면 화내고 분노가 폭발하고 난 뒤 2시간 이내에 심장마비나 부정맥, 뇌졸중의 위험도가 무려 4~5배 이상이 상승했다고 한다.

분노가 교감신경계를 자극하고 스트레스 호르몬을 상승시켜 심박동이 증가하고 불규칙해졌기 때문에 심혈관계에 나쁜 결과를 초래한 것이다.

다음 사진은 필자가 동주대학교에서 미용계열 재학생 대상 '미용인의 올바른 직무 태도와 라포형성' 이라는 주제로 강연 후 찍은 사진이 부산일보에 게재된 내용이다.

미용인들의 올바른 인성 함양과 분노 조절에 대해 강의한 사진이다.

- 체한 것 같은데 심근경색일 수도 있다

■ 개요

심장에 생길 수 있는 가장 무서운 질병 중의 하나가 심근경색인데 심근경색의 전형적인 증상은 '가슴 통증' 이다. 하지만, 심장은 위장胃과 함께 횡경막을 두고 아래위로 위치해 있기 때문에 가끔 '체한 것 같다' 고 호소하는 심근경색 환자가 많다.

삼성서울병원 순환기내과 양정훈 교수는 "심근경색 환자 중에 소화가 잘 안 되거나 치아가 아프기도 하며 숨이 잘 쉬어지지 않는 증상이 나타나는 사람들이 있다" 고도 했다. 심장의 관상동맥 중 하나가 위장 쪽으로 내려가면

이 혈관의 문제로 인해 체하거나 소화가 안 된다고 여길 수 있다는 것이다.

■ 건강이상시그널

다음 증상이 나타나면 심장 건강이상시그널일 수 있으니 응급실로 가야 된다.

하나, 땀이 많이 나거나 숨이 찬 증상

둘, 오심과 구토, 어지러움 증상

셋, 소변을 제대로 볼 수 없는 증상

넷, 가슴 통증, 팔 통증, 안면 통증 같은 증상

심장 건강은 평상시에 늘 조심 또 조심해야 하며 돌연사의 주범이기도 하므로 이상을 느끼면 즉시 응급실로 달려가야 한다.

알기 쉽게 알려드릴게요!

급성심근경색 예방법에 대해 살펴보면 다음과 같다.

하나, 추운 아침, 새벽에 무리한 운동을 자제하라.

둘, 금연, 절주하라.

셋, 스트레스를 줄이고, 운동하라.

넷, 오메가-3 등 불포화지방의 섭취를 늘려라.

2. 남성편

- 심혈관 질환은 발기장애를 부른다

■ 개요

유명한 바람둥이로 알려진 유럽의 카사노바는 정력도 좋았지만 음식에 특히 신경을 많이 썼다고 한다. 생굴과 숭어 알을 말린 어란漁卵, 계란 흰자 등 스태미너에 좋은 음식을 즐겨 먹었다.

우리나라에서도 한때 스태미너에 좋은 보양식으로 보신탕, 뱀, 해구신 등 다양한 음식이 유행했던 시절이 있었지만 요즘은 이런 식당들이 하나 둘 짐을 싸고 있다. 바로 '비아그라' 때문이다.

비아그라는 원래 심장약으로 개발된 약이었지만 발기부전에 효능이 검증되어 발기부전약으로 다시 태어났다.

■ 건강이상시그널

발기부전 치료를 위해 병원을 찾는 환자의 40%는 중대한 심장의 관상동맥 폐쇄를 동반하고 있는 경향이 많다. 고혈압 환자도 발기부전 증상이 뚜렷하게 나타난다.

고혈압으로 인한 혈관 손상은 성적 흥분으로 음경에 유입되는 혈류량을 감소시켜 발기력을 떨어뜨리기 때문이다.

국제적인 연구 결과들에 따르면 발기부전 환자 가운데 대표적인 심혈관 질환인 고혈압 환자가 44~48%인 것으로 나타났다. 음경의 동맥에 동맥경화가 생기는 이유는 고지혈증 때문이기도 하며 이럴 때는 LDL콜레스테롤 레벨을 검사해봐야 한다.

알기 쉽게 알려드릴게요!

'아무리 나이가 들어도 젓가락 하나 들 힘만 있으면 여자 생각이 난다'는 옛 선인의 말이 생각난다. 건강은 건강할 때 지키는 것이 가장 좋다. 소 잃고 외양간 고치는 일은 없어야 한다.

허나 혈관 건강이 나빠지고 있다면 당장 생활 패턴과 식습관을 바꿔야 한다. 음식은 싱겁게 적당량을 먹고, 위는 80% 정도 찰 양만 먹는 게 건강에 좋다. 생활 패턴은 규칙적인 수면 리듬을 가지며 주 3회 이상 숨 차는 운동을 하자. 아울러 나이가 들수록 근육량이 감소하기 쉬운데 근육량이 감소하면 체력과 면역이 동시에 감소하기 쉬우므로 근력량이 감소하지 않도록 지속적으로 근력운동을 병행하는 편이 좋다.

3. 여성편

- 화병 종합선물세트

■ 개요

몇 년 전 건강이상시그널 관련 강의를 하러 갔다가 강의 후 30대 여성과 상담을 하게 되었다. 난 그녀의 손을 보고 정말 깜짝 놀랐다. 신경성 질환 종합선물세트를 손에 그대로 담고 있었기 때문이다. 심장에는 화가 잔뜩 서려 있었고, 신경쇠약구는 위축될 대로 위축되어 좁아져 있었다. 그녀는 남편의 외도 때문에 많이 힘들어하고 있었고, 그로 인한 스트레스와 화병이 대단했다. 상담하는 동안 그녀는 말없이 울기만 했다. 나는 그녀의 손을 보고 가장 먼저 이런 말을 했다.

"도대체 당신을 이렇게 힘들게 만든 사람이 누군가요?"

그녀는 처음에는 의아해했지만, 내가 화병과 신경성질환 관련 증상을 손을 통해서 이야기해줬더니 말없이 울기만 했다.

■ 건강이상시그널

옆 사진의 검지 부분을 자세히 살펴보면 오른손은 검지 하단부에 검은 점이 있고, 왼손은 검지 하단부에 뾰루지 같은 상처가 보인다. 검지 하단부는 심장의 건강 상태를 나타내는 상응 부위이며 이곳에 점이나 뾰루지, 사마귀와 같은 건강이상시그널이 나타나는 것은 심장에 지속적인 자극이나 충격이 있었다는 시그널인 것이다.

이 부위에 점이 생긴 것은 심장에 지속적인 자극과 압박이 이어져 응어리가 생겼다는 시그널이며 왼손에 뾰루지가 생겼다는 것은 최근에 속상하는 일이 많아 심장에 이상시그널이 나타났다는 것이다.

또한, 약지의 둘째 마디는 신경쇠약구 상응점으로 신경계에 자극이나 압박이 있으면 이 부위가 위축되고 좁아지게 된다. 아래 사진에서 보듯이 이 여성의 왼손 약지 신경쇠약구 부위가 상당히 좁고 위축되어 있다. 이곳이 좁아지면 신경쇠약과 같은 신경성 질환이 생기기 쉬우며 신경계가 약해지

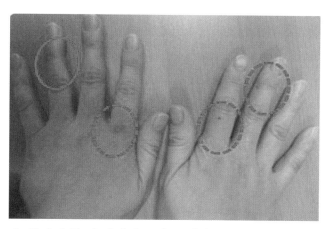

면 상응 장기인 대장과 기관지 기능이 떨어져 신경성 대장질환이나 기관지염 같은 증상이 잘 나타난다.

게다가 오른손 중지 손톱 밑 마디에도 검은 점이 보이는데 이 부위는 갑상선과 관련된 상응 부위다. 갑상선은 스트레스를 조절하는 항스트레스 호르몬을 분비하

는 장기이기도 하다. 이곳에 검은 점이 생긴 것은 스트레스를 많이 받아 갑상선에도 무리가 왔다는 시그널을 보여주는 것이다. 즉, 이 여성은 스트레스와 화병으로 인해 심장과 신경계, 갑상선까지 복합적인 화병 종합선물세트 증상이 나타난다.

알기 쉽게 알려드릴게요!

이 여성에게 필요한 것은 충분한 휴식과 안정이며 양질의 영양소와 정신적 위로가 가장 큰 치료제가 아닐까 생각된다. 사람이 화가 날 때 화를 풀 수 있는 대상이나 꺼리가 있으면 화가 몸에 쌓이지 않고 배출될 수 있는데 화가 풀리지 못하고 계속 쌓이고 쌓이면 병이 되어 화병이 생기는 것이다.

우리나라의 화병은 미국에서도 인정했듯이 전 세계에서 유독 한국여성에게서만 많이 발생하는 신기한 병이라고 한다. 오랜 한국적인 정서인 유교적이고 가부장적인 사회 분위기가 요즘은 많이 개선되었지만, 아직까지도 이런 분위기와 유전자가 우리 사회 곳곳에 여전히 많이 남아 있는 것 같다.

화병에 가장 좋은 약은 힘든 마음을 위로받을 수 있는 위안거리다. 가족이나 친구 등 나의 화를 공유하고 이해할 수 있는 대상이 있어야 화병 해소에 도움이 된다. 아울러 자신만의 화병 해소법이 있어야 된다. 운동이나 취미활동 등 근심걱정을 잊고 몰입할 수 있는 해소거리가 있으면 화병 해소에 도움이 된다.

뿐만 아니라, 화병은 스트레스를 기반으로 하기 때문에 항스트레스 작용에 도움이 되는 항산화 영양소인 비타민과 칼슘 등의 미네랄 섭취를 늘리고, 소화장애가 생기지 않도록 소화효소가 풍부한 자연식을 하는 것이 도움이 된다.

"피할 수 없으면 즐겨라"는 말도 있다. 기왕이면 스트레스 상황을 즐길 수 있는 아량과 배포를 키우는 것도 인생사에 한 획을 멋있게 그을 수 있는 계기가 될 것이다.

- 이럴 때 화병이 생긴다, 화병의 건강이상시그널

■ 개요

화병의 원인은 정말 다양하다. 속에 열불이 터지고, 화가 나는 일이 잦으면 화병이 될 확률이 증가한다. 화병의 원인은 크게 세 가지다.

하나, 가정 내 문제다. 남편이나 시부모와의 갈등, 자녀 문제 등이 장기간 이어지면 화병이 올 수 있다.

둘, 사회 경제적 문제다. 가난과 마음고생, 배신, 실연, 가부장적 환경, 폭력적 상황 등이 계속되면 화병이 생길 수 있다.

셋, 개인의 성격 문제다. 내성적이거나 불 같은 성격, 갱년기 장애, 기저질환 등이 있는 사람 중에 화병이 자주 발생할 수 있다.

■ 건강이상시그널

심장 관련 질환 중 화병은 검지의 하단부 심장 상응점에 건강이상시그널이 잘 나타난다. 앞서 손가락과 인체의 상응 부위에 대해 설명했듯이 검지는 심혈관계의 건강 상태를 나타내는 손가락이며 검지 하단부는 심장에 해당되는 상응 부위다.

심장에 지속적인 자극이나 압박, 스트레스 등이 계속 일어나면 검지 하단부에 점이나 사마귀, 뾰루지나 반점 등이 생긴다. 심장에 화가 차면 뾰루지 같은 상처가 잘 생긴다. 다음 사진은 심장화병을 앓고 있는 여성의 사진이다. 이 여성은 빌려준 돈을 제때 받지 못하고, 그로 인한 채무자와의 갈등으로 생긴 분노와 스트레스 때문에 화병 증상이 검지 하단부로 나타나고 있다.

아래 〈사진 1〉은 심장 상응 부위인 검지 하단부에 뾰루지가 생긴 것이며 시간이 지나서도 이 증상이 해소되지 않으면 딱딱하게 굳어져 덩어리처럼 보일 수도 있다. 〈사진 2〉는 시간이 지나서 상처 부위가 딱딱해진 상태를 나타내고 있다.

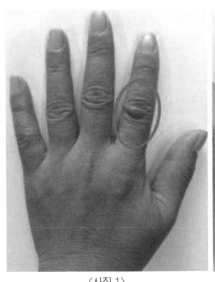
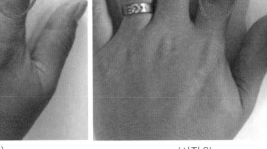

〈사진 1〉　　　　　　　　　　　〈사진 2〉

필자도 소대장으로 군 복무 당시 막중한 스트레스와 중대장과의 의견충돌 등으로 인해 한때 오른손 검지 하단부인 심장 상응 부위에 사마귀가 자꾸 생겨서 칼로 긁어보기도 하고, 뜯어보기도 했던 기억이 난다. 이제 생각해 보니 그 부위가 심장이었고, 분노와 화로 인해 일시적인 화병 증상이 손으로 나타났던 것 같다. 그 증상은 전역 후에 거짓말 같이 없어졌으니 신기할 따름이다.

화병은 미국 질병관리센터에 한국 이름 그대로 '화병Hwa- Byung, 火病으로 기재될 만큼 한국인에게 많이 나타난다. 특히, 유교적이며 가부장적인 가정환경에서 성장한 중년 이후의 여성이 갱년기를 맞으며 이런 증상이 훨씬 잘 나타난다. 여성호르몬 감소와 스트레스가 겹쳐 감정 조절이 잘 되지 않으며 순환 장애나 심장 근육에 부담이 증가되어 화병 증상이 심해지는 것이다.

알기 쉽게 알려드릴게요!

화병 치료에 가장 좋은 방법은 무엇일까? 갱년기 여성이라면 여성호르몬 요법을 병행하면 더 도움이 된다. 아울러 혈액 순환을 도와주는 혈행개선제나 항산화 기능을 촉진하는 비타민과 효소 등을 같이 섭취하면 도움이 된다.

게다가 정신 건강에 도움이 되는 사회적 활동을 늘리고, 규칙적인 운동이나 등산 등 심장 근육을 튼튼하게 해주는 유산소운동을 자주하는 것도 아주 좋다. 화는 쌓아두면 독이 된다. 그때그때 풀어주도록 노력해야 하며 대인관계에서 자주 발생하는 화병은 양보와 배려, 긍정적인 마음가짐으로 개선하도록 노력해야 한다.

- 화병이 귀로도 나타난다

■ 개요

화병이 생기면 손이 아니라 귀로도 건강이상시그널이 나타난다. 귀는 우리 인체를 품고 있는 축소판이다.

■ 건강이상시그널

귀의 심장 상응 부위는 귀의 중간인 이갑강 부위에 붉은 반점이나 뾰루지같은 것이 생기는 것이다. 귀의 상응 부위에 대해 먼저 살펴보면 다음과 같다. 화병 증상이 나타나는 사례를 살펴보면 다음과 같다. 오른쪽 〈사진 2〉를 보면 심장 상응점에 붉은 반점이 나타났고 〈사진 1〉을 보면 심장 상응점에 두 개의 돌기가 보인다. 이러한 시그널은 심장에 지속적인 자극과 스트레스 등이 작용했다는 것을 입증한다.

손과 귀를 통해 수시로 심장의 건강이상시그널을 확인

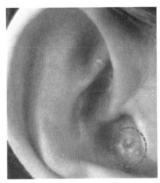
〈사진 1〉돌기

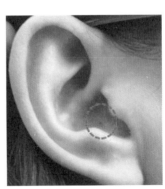
〈사진 2〉붉은 반점

해보면 자신의 심장 건강 상태를 스스로 체크해 볼 수도 있다.

심장 부위에 화병 증상이 나타나면 원인을 찾아 해결 방법을 모색해야 한다. 화병은 주로 사람과의 관계에서 발생하는 경우가 대부분으로 성격 차이나 금전 문제, 기질적인 요소 때문에 생기는 경우가 많다.

따라서, 이럴 땐 상대방에 대한 이해와 양보가 가능한지 먼저 살펴보고, 타협이나 협상이 가능한지, 주변의 도움이 필요한지에 대해 다각도로 살펴본 후 해결 방법을 찾는 것이 중요하다.

그런데, 만약 해결할 방도가 없다면 깨끗하게 잊고 단념할 줄도 알아야 한다. 끝까지 답이 없는 상황에 집착하면 본인만 더 힘들 수 있다. 내가 아는 지인 중에 재산이 수십억인데 빌려준 돈 몇 천만 원을 못 받아서 화병으로 돌아가신 분이 있다. 빌려준 돈이 적은 돈은 아니지만 그 돈 때문에 건강과 목숨을 잃는 일이 생겨서는 안 된다. 잊을 건 잊고, 다른 곳에서 새롭게 시작해야 한다. 그렇지 않으면 내가 가진 모든 것을 잃을 수도 있다는 것을 명심해야 한다.

뼈가 건강해야 장수한다
관절 건강이상 전조증상

1. 일반편

우리가 직립보행을 하고 달릴 수 있는 것은 뼈가 있기 때문이다. 뼈대 있는 집안이기 때문에 자유롭게 걸어 다닐 수 있는 것이다.

사람의 뼈는 총 206개로 상당수가 손과 발에 나뉘어져 있다. 척추 뼈는 총 26개로 경추와 흉추, 요추와 천추, 미추 등으로 구성되어 있다. 이 중 가장 많은 뼈는 12개로 구성된 흉추다. 척추 뼈들 사이에는 추간판디스크이 있으며 척추관 내에는 척수가 통과하고 있다. 척추 구멍 사이로 사지나 내장으로 가는 말초신경이 지나가고 있으며 성인의 척추는 S자 형 만곡을 형성하고 있다.

뼈의 주된 기능은 몸을 지탱하고 지지하며 뇌와 내부 장기를 보호한다. 아울러 관절 운동과 근육 수축에 의해 움직이며 혈액을 생성하는 조혈기능도 골수에서 진행한다. 또한, 칼슘과 인의 저장창고로서 85%의 인산칼슘과 10%의 탄산칼슘을 포함하고 있으며 필요에 따라 혈액으로 칼슘을 방출하기도 한다.

뼈는 뇌를 보호하는 두개골과 심장과 간, 폐 등을 보호하는 갈비뼈, 그리

고 자궁과 난소, 신장, 방광, 장 등을 보호하는 골반 뼈 등으로 구성되며 뼈
는 미네랄의 저장고 역할을 한다.

- 귀에 윤기가 없고, 때가 낀 것 같으면 뼈에 이상이 있다는 시그널

■ 개요

《동의보감》에 뼈의 이상을 알리는 시그널에 대한 이야기가 있다.

"귀에 윤기가 없고 때가 끼면 뼈에 병이 있다"는 것이다. 우리 귀는 원래
피부와 색이 비슷하고 깨끗한 모양을 하고 있어야 건강한 상태다. 하지만,
귀의 색깔이 변했다면 주의해야 한다. 귀에 때가 낀 것처럼 칙칙해지고, 시
커멓게 변하면 뼈의 건강을 의심해봐야 한다.

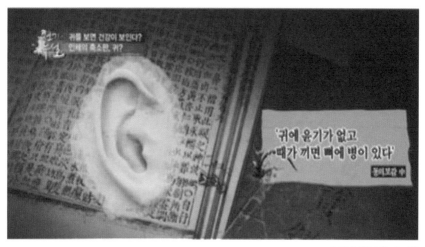

출처: MBN 천기누설

뼈의 건강이상시그널은 귀의 색깔을 보면 알 수 있다. 건강한 사람의 귀는 윤택이 있고, 맑으며 깨끗하지만, 뼈에 이상이 있는 사람은 귀의 색깔이 칙칙해지고, 검어지며 때가 낀 것과 같은 시그널을 나타낸다.

약해지거나 골다공증이나 골연화증 같은 뼈의 이상이 발생하기 시작하면 귀의 색깔이 실제로 윤기가 없어지고 때가 낀 것처럼 보인다. 뼈 건강은 칼슘 부족이나 칼슘 대사의 장애와도 밀접한 관계가 있다. 인체 내 칼슘은 잦은 스트레스나 과로 등으로 인해 소모량이 증가하거나 외부 유출량이 많아지면 그로 인해 뼈가 약해지기 마련이다.

다음 사진은 귀의 색깔이 검고 칙칙해진 사람의 귀인데 실제 뼈 건강이 좋지 못하다. 귀 색깔이 칙칙해지기 시작하면 뼈 건강에 신경을 많이 써야 한다. 뼈 건강엔 칼슘 공급과 함께 단백질, 비타민 등의 영양섭취가 병행되어야 하며 특히, 잦은 스트레스는 뼈 건강에 치명적이다.

우리가 가끔 심한 스트레스나 과로 뒤에 뼈마디가 쑤시거나 이빨이 아픈 경우가 더러 있다. 이는 뼈와 치아에 있던 칼슘이 스트레스에 대항하기 위해 소모되는 혈중 칼슘과 함께 소모량이 증가하면서 그로 인해 뼈와 치아가 약해져 생기는 현상이다. 고른 영양 섭취와 아울러 칼슘 섭취와 함께 스트레스를 잘 푸는 것이 뼈 건강에 아주 중요하다.

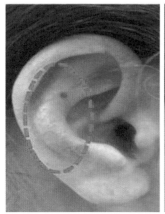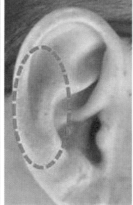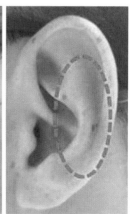

뼈는 신장 기능과 아주 밀접한 관계가 있다. 뼈 건강에 아주 중요한 역할을 하는 칼슘과 인의 재흡수를 신장이 하기 때문이며 뼈를 튼튼하게 하기 위해선 신장을 강화하는 게 도움이 된다.

강남 세브란스병원 내분기내과 안철우 교수는 "우리 뼈는 신장기능이 나빠지면 칼슘과 인의 재흡수가 잘 안 되고 비타민D가 제 역할을 못한다. 비타민D의 활성화는 신장과 피부에서만 이뤄진다. 실제로 만성 신장 질환자는 '골다공증' 유병률이 일반인보다 3~4배 높다"라고 말한다. 뼈의 건강을 위해 신장 건강을 같이 챙겨야 되는 이유가 여기에 있다.

따라서, 뼈를 튼튼하게 유지하기 위해선 뼈에 적절한 자극이 가해지며 골 형성에 도움을 주는 '빨리 걷기'가 도움이 많이 된다. 체중을 실은 조깅이나 등산이 뼈 건강에 좋으며 아울러 신장 건강을 위해선 저염식과 효소가 풍부한 생야채를 자주 섭취하는 것이 좋다.

뼈의 건강을 위해선 양질의 칼슘과 단백질을 자주 섭취해야 하는 데 뼈를 구성하는 영양물질 중 가장 대표적인 영양소는 칼슘과 단백질, 비타민D와 같은 물질이다. 약해진 뼈를 건강하게 만들기 위해선 뼈를 튼튼하게 만드는 영양소인 뼈째 먹는 생선(멸치 등), 해조류, 견과류, 살코기, 계란 등의 음식과 제철과일 등을 같이 섭취하면 좋다.

스트레스는 뼈를 약하게 만드는 주범이기도 하므로 스트레스를 쌓아두지 말고 그날 그날 푸는 게 중요하며 스트레스 해소에도 칼슘과 비타민 같은 영양소의 섭취가 도움이 된다.

- 손등을 뒤로 젖혀보면 허리의 건강이 보인다

■ 개요

척추의 유연성을 알고 싶다면 손등을 통해서 확인할 수 있다. 나이가 들수록 허리는 뻣뻣해지고 유연성은 더 떨어지게 마련이다. 이럴 때 실제 허리의 유연성이 어느 정도인지 가늠해 볼 수 있는 것이 바로 '손등 테스트' 다.

■ 건강이상시그널

손등을 아래 그림과 같이 곧게 세운 후 손가락을 뒤로 쭈욱 펴보면 허리
의 유연성을 알 수 있다. 이때 손목을 뒤로 젖히면 안 된다. 손가락에 힘을
주고 손가락만 뒤로 젖혀야 정확한 허리의 유연성을 알 수 있다.

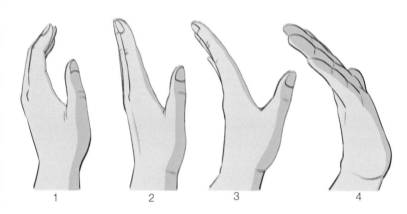

손 등 쪽으로 손이 많이 젖혀질수록 신체가 유연하다

위의 그림에서 보듯이 손등이 1번, 2번 상태라면 허리가 많이 굳어 있는
상태다. 3번이 정상이며 4번처럼 손등이 뒤로 많이 젖혀진다면 허리가 아
주 유연한 편이다.

허리가 유연해지기 위해선 스트레칭을 자주 해주는 것이 좋다. 또한, 가벼운 운동과 요가와 같은 유연성을 키우는 운동을 병행하면 더욱 좋다. 그리고, 몸을 가볍게 자주 움직여 주는 편이 좋다. 몸을 자주 움직이지 않으면 우리 몸은 더 뻣뻣해지기 쉽다. 옛말에 "말을 타고 가는 사람보다 말을 끌고 가는 사람이 더 건강하다" 는 말이 있다. 요즘은 말 대신 자가용이 운송수단을 대신하고 있는데 자가용을 자주 타는 사람은 자가용은 집에 모셔두고 대중교통이나 걸어서 다니는 시간을 늘리는 것이 척추와 관절 건강에 더 도움이 된다.

그뿐만 아니라 필자도 지하철을 타고 출근을 하는데 젊은 사람들도 계단보다는 엘리베이터를 이용하는 사람들이 많은 것 같다. 계단을 이용하면 하체 운동에도 좋으며 허리 건강에도 도움이 된다. 물론 무릎이 좋지 않은 사람은 계단을 이용하는 것이 힘들겠지만, 뼈와 관절의 건강을 위해선 관절 주변의 근육을 강화시켜주는 운동이나 계단 오르기, 등산 등이 많은 도움이 된다.

- 귀로 살펴보는 뼈의 건강

■ 개요

뼈는 척추와 두개골, 골반, 팔 다리 등으로 구성되어 있다. 척추는 우리 몸의 기둥이며 척추를 중심으로 두개골과 골반, 팔 다리가 연결되어 있다.

뼈 건강은 손보다는 귀를 통한 건강이상시그널 확인이 더 쉽다. 손은 뼈의 각 부위별 상응점이 아직 명확하게 검증된 것이 없어 귀반사학회에서 자주 언급하는 귀의 상응점을 활용하여 뼈의 건강이상시그널을 살펴보고 자 한다.

■ 건강이상시그널

척추의 건강 상태는 귀의 돌출된 뼈 부위인 대이륜 부위에 건강이상시그 널이 나타나며 무릎 건강은 대이륜 상각 부위와 상응하고 좌골신경통은 대 이륜 하각 부위와 상응하여 나타난다.

해당 상응점에 점이나 검버섯, 혈관 확장, 뾰루지 등의 건강이상시그널이 나타나면 해당 부위의 건강 상태가 나빠졌음을 나타낸다. 우리 귀는 크기 가 다른 신체 장기보다 작은 편이고 또한, 본인도 자신의 귀를 직접 보고 관 찰하는 게 어려워 상대방의 도움을 받아야 할 때가 많다. 만약, 상대방의 귀 를 보고 건강이상시그널을 체크할 경우가 생긴다면 가급적이면 상대방에 게 양해를 구한 뒤 사진을 찍은 후 같이 보고 상담하는 편이 더 좋다.

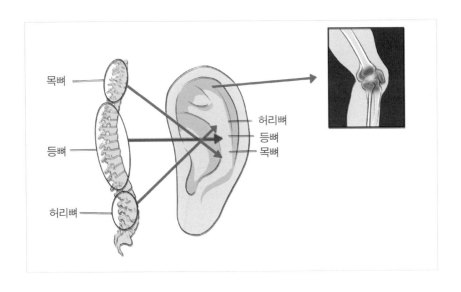

해당 부위와 상응점을 정확하게 찾아내는 게 생각보다 쉬운 일이 아니다. 위의 사진에서 보듯이 만약 허리 부위에 까만 점이나 혈관 확장 같은 증상이 나타난다면 그곳의 건강 상태를 확인해보면 된다.

귀의 척추 상응점은 '대이륜 부위' 라고 하는데 그림에서 보듯이 갈라지는 대이륜 상각과 하각 아래 부위부터 귓불 위에 봉긋 솟아 있는 대이병까지를 말하는 것으로 이곳을 3등분하여 윗쪽 1/3 부위가 허리, 중간 1/3 부위가 등, 아래 1/3 부위가 목뼈라고 보면 된다.

귀의 상응 부위를 이해했다면 귀에 나타나는 건강이상시그널에 대해 살펴보면 다음과 같다.

하나, '변색' 이다. 귀의 색깔이 변한다.

둘, '변형' 이다. 귀의 형태가 변한다.

셋, '혈관 확장' 이다. 귀의 혈관이 확장되거나 충혈되며 그물 형태로 혈관이 나타난다.

넷, '구진' 이다. 뾰루지처럼 좁쌀 혹은 물집 모양을 나타낸다.

다섯, '탈설' 이다. 귀지나 비듬 같은 것이 생긴다.

여섯, '융기' 나 '함몰' 이다. 해당 부위가 볼록 올라오거나 패이는 모양을 나타낸다. 이런 건강이상시그널이 나타나면 해당 부위의 상응점을 찾아 그 장기의 건강 상태를 확인하면 된다. 아울러 해당 장기의 이상 증상에 대한 식이요법과 생활요법을 같이 설명해주면 더욱 좋다.

알기 쉽게 알려드릴게요!

허리가 아프거나 목이 아픈 경우는 대부분 디스크나 협착증 같은 원인 때문일 경우가 많다. 물론 갑자기 허리가 삐끗하거나 목이 아픈 경우는 귀로 건강이상시그널이 바로 나타나진 않는다. 그래서, 디스크나 협착증 같은 증상 때문에 아픈 경우라면 허리 주변의 근육을 강화시켜주면 요통 치료에 많은 도움이 되는데 특히, 윗몸 일으키기보다는 플랭크 같은 운동이 도움이 된다. 목이 아픈 경우는 주로 잘못된 자세 때문에 아픈 증상이 많이 나타나므로 바른 자세를 유지하고, 수시로 목과 어깨를 풀어주는 운동을 병행하면 큰 도움이 된다.

아울러, 관절 건강에 도움이 되는 우슬, 칼슘, 보스웰리아 등 건기식을 섭취하거나 관절 건강에 도움을 주는 음식인 곰국, 장어, 당근, 파프리카, 버섯, 우족, 바나나, 치즈 등을 자주 섭취하면 도움이 된다.

잠깐, 뼈에 대한 퀴즈 5가지를 살펴보자.

하나, 갓난아기의 뼈는 몇 개일까?

둘, 성인이 되면 뼈는 몇 개가 될까?

셋, 사람의 척추는 모두 몇 개 일까?

넷, 사람의 뼈 중 가장 강한 뼈는 무엇일까?

다섯, 관절을 꺾을 때 '뚝' 소리는 왜 날까?

〈정답〉

하나, 갓난아기 뼈는 305개 정도

둘, 성인의 뼈는 206개 (성장하면서 여러 개의 뼈가 합쳐져 붙기 때문에)

셋, 사람의 척추 수는 26개

넷, 우리 몸에서 가장 강한 뼈는 '넓적다리뼈' 로 강철과 같은 정도의 압력에도 견딤

다섯, 관절낭 안에는 관절액이 가득 차 있는데 관절을 잡아당기거나 꺾는 자극을 가하면 순간적으로 빈 공간이 생기면서 '뚝' 소리가 난다.

보통 뼈 건강에 필수적인 영양소로 '칼슘' 을 자주 언급한다. 맞는 말이다. 하지만, 뼈의 건강에서 칼슘이 차지하는 비율은 절반이 안 된다. 칼슘만큼 중요한 영양소가 또 하나 있는데 바로 '단백질' 이다.

칼슘이 뼈를 단단하게 만들어주며 건축물에서 시멘트와 같은 역할을 한다면 단백질은 건축물 철근과 같은 역할을 함으로써 뼈의 토대가 된다. 물론 비타민A, C, D와 같은 미량영양소도 뼈가 잘 부러지지 않도록 해주는 중요한 역할을 하지만 뼈의 건강엔 칼슘 못지않게 단백질의 역할이 크다는 것을 명심해야 한다.

성장기 뼈의 건강뿐만 아니라 노년기에 쉽게 약해지는 뼈의 건강을 위해서도 칼슘과 함께 양질의 단백질을 꾸준히 섭취해야 한다.

- 뼈는 운동을 하지 않으면 건강해질 필요를 전혀 못 느낀다

■ 개요

우리 몸의 근육은 많이 쓰면 쓸수록 단단해진다. 뼈도 마찬가지다. 악력이 센 사람일수록 근육뿐만 아니라 골밀도 역시 높다고 한다.

분당 서울대병원 정형외과관절센터 공현식 교수는 "악력이 셀수록 골밀도가 높으며 주먹을 쥘 때 쓰는 근육과 뼈가 서로 물리적 영향을 주고받는다. 실제로 근육과 뼈는 밀접하게 붙어 있는 조직으로 서로 물리적, 화학적 신호를 주고받으며 성장과 대사를 조절한다. 근력을 키워 뼈의 강도를 높이면 결과적으로 골절예방에도 도움이 된다"라고 말했다.

알기 쉽게 알려드릴게요!

뼈는 운동을 하지 않으면 건강해질 필요를 전혀 느끼지 못한다고 한다. 뼈의 노화는 운동 부족과 혈액 순환장애로 영양이 뼈 속까지 충분히 미치지 못해서 발생하며 아무리 영양이 충분해도 영양분이 뼈나 치아 속까지 공급되지 않으면 골다공증이 발생한다.  뼈에는 수만 개의 구멍이 뚫려 있는데 그 구멍 속으로 모세혈관을 통해 영양분이 공급되는 것이다. 노폐물에 의해 구멍이 막히면 좋은 칼슘과 영양소를 아무리 먹어도 뼈가 약해지는 것이다.

뼈와 근육이 밀접하게 연관되어 있는 만큼 뼈 건강을 위해선 근육을 단련하는 것이 좋은 방법이며 노년에도 건강한 뼈를 유지하기 위해선 유산소운동과 근력운동을 병행하는 것이 좋다.

◑ 이렇게 생각합니다! ◐

뼈는 다양한 영양소로 구성되어 있지만, 그 핵심적인 영양물질은 칼슘이다. 칼슘은 대부분(99%)의 양이 골격과 치아에 존재하지만, 일부(1%)가 세포와 세포내액의 체액에서 신체의 생리조절 작용을 수행한다. 칼슘의 숨은 효능은 다음과 같다.

* 칼슘의 놀라운 7가지 효능 *

하나, 뼈와 치아를 튼튼하게 하는 재료가 된다.

둘, 고혈압 환자의 혈압 조절에 도움이 된다.

칼슘 섭취를 늘리면 소금의 섭취를 줄이는 것과 같은 효과가 있다.

셋, 심장질환을 예방하는 데 도움이 된다.

혈중 콜레스테롤 수치를 감소시켜 혈액 순환을 돕는다.

넷, 월경을 순조롭게 하는 데 도움을 주며 생리전증후군(PMS) 예방에도 도움이 된다.

다섯, 골다공증을 예방한다.

여섯, 신경을 안정시키고, 숙면을 도와준다.

예민한 사람을 순하고, 너그러운 사람으로 변화시키는 데 도움이 된다.

일곱, 혈액의 응고를 도와주며 체질을 약알카리성으로 유지시켜 준다.

한국 사람에게 가장 부족한 영양소가 칼슘이라고 한다. 칼슘은 뼈째먹는 생선이나 해조류, 굴, 견과류 등에 많이 함유되어 있으나 일반인이 음식으로 섭취하기엔 매우 부족하다. 성장기 어린이나 스트레스를 많이 받는 직장인, 노인, 갱년기 여성 등 누구나 칼슘 섭취가 절실하다. 이제는 생활 수준의 향상과 함께 칼슘 같은 영양소는 별도의 추가 섭취가 필요하다. 칼슘이 많이 함유된 건강기능식품이나 의약품 등을 꼭 같이 병행 섭취하기를 권한다.

- 코가 삐뚤어지면 허리도 휜다

■ 개요

코는 얼굴의 중심에 위치해 있어 미적으로 중요한 장기이며 또한, 척추 건강과도 밀접한 관계가 있다. 코가 길고 반듯한 사람은 건강하고 장수한다고도 한다. 하지만, 콧등이 휘어 있거나 메부리코를 가진 사람은 허리가 약한 편이다.

코의 윗부분 1/3 지점은 허리의 상응 부위와 연관이 높다. 이 부위가 솟아오른 메부리형 코를 가진 사람은 허리가 일반인보다 약한 편이다. 또한, 코가 휘어 있는 사람은 허리도 휘어 있어 척추측만증을 조심해야 한다.

코는 '척추의 축소판' 으로 코가 삐뚤어져 있는 사람은 척추도 삐뚤어져 있을 확률이 높다. 사고로 코를 다쳐 코가 휘어졌거나 아니면 후천적으로 코가 휘게 되었더라도 척추의 건강이상에 영향을 준다. 척추가 휘어지면 어깨와 뒷목의 피로도도 증가하지만 신장 기능 저하에도 영향을 준다.

허리 부위의 뼈가 휘게 되면 그 안에 위치한 신장의 대사 작용에도 좋지 않은 영향을 준다. 허리가 휘면 몸이 냉한 경우가 증가하는데 척추의 이상으로 혈액 순환장애를 초래하기 때문이다.

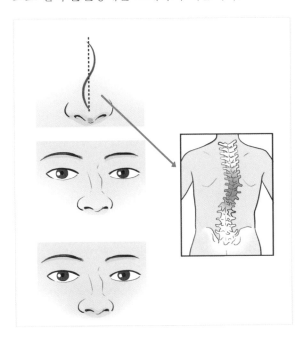

코가 휘면 성형으로 코를 바로 잡아줘도 좋다. 아울러 바른 자세를 유지하고, 스트레칭을 자주 하는 게 허리 건강에 도움이 된다. 목이나 허리에 디스크가 생기지 않도록 각별히 조심해야 하며 등산 같은 걷기 운동을 자주 하면 좋다.

요즘 10대 척추측만증 환자가 급증하고 있다. 컴퓨터와 스마트폰 사용이 증가하면서 젊은 층의 척추건강에 비상등이 켜진 것이다. 자녀들의 척추 건강을 위해 스트레칭을 자주 하도록 권유하고, 바른 자세를 유지하도록 자주 챙겨줘야 한다. 아울러 조깅이나 산책 등 야외활동 등을 매일 할 수 있도록 부모님의 관심과 독려가 절실하다.

- 허리의 통증을 나타내는 건강이상시그널

■ 개요

허리의 건강 상태를 체크해 볼 때 가장 좋은 방법은 귀의 뼈가 있는 부위인 대이륜 부위를 통해 이상시그널을 확인하는 것이다.

■ 건강이상시그널

귀의 안쪽 돌출된 부위인 대이륜 부위에 점이나 혈관 확장 등의 건강이상시그널이 나타나면 척추의 건강상태를 확인할 수 있다. 이 부위에 점이 생겼다는 것은 오랜 기간 허리나 목이 자극과 스트레스를 받아 만성질환이 생겼다는 흔적이며 혈관이 확장되었다는 것은 해당 부위에 통증이 있다는 시그널이다.

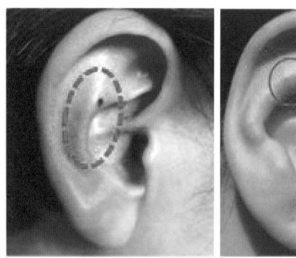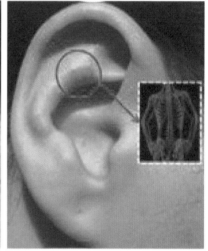

  위의 사진에서 보듯이 귀의 대이륜부위 위쪽에 검은 점이나 상처가 생기는 것은 상응 부위인 허리에 이상이 있다는 것이다. 만성 허리 통증이나 디스크가 있다면 이 부위에 건강이상시그널이 나타나는 것이다. 대이륜 부위의 위쪽 1/3 지점을 찾아서 이 부위의 이상시그널을 체크해보면 쉽게 알 수 있다.

허리에 통증이 있다면 선비처럼 걷는 것도 좋다. 인천성모병원 척추신경외과 최두용 교수는 "선비 자세를 하면 허리를 뒤로 자연스럽게 젖힐 수 있으며 디스크 압력을 낮춰 척추 질환을 예방하는 효과가 있다. 뒷짐을 지고 걸으면 목이나 가슴, 어깨 건강에도 도움을 준다"고 말한다.

또한, 고대 구로병원 재활의학과 김범석 교수는 "뒷짐을 지면 자연스럽게 턱을 들게 돼 목뼈의 C자 곡선 유지에도 도움을 준다. 가슴도 펴지고, 날개 뼈를 모아줘 굳어 있던 가슴과 어깨 건강에도 도움을 준다. 실제로 뒷짐을 지고 걷는 자세는 척추 수술을 받은 사람뿐 아니라 목이나 허리 통증이 있는 사람에게도 권장된다"고 했다.

아울러 허리나 목 등 관절이 아픈 사람은 잠을 충분히 자도록 노력하는 것이 중요하다. 대구보훈병원 가정의학과 연구팀(2018년)은 "잠을 잘 못 잘수록 통각에 과민해져서 골관절염 통증을 악화시킨다"고 했다. 연구팀은 30대 이상 1만3,316명의 자료를 조사한 결과 하루 수면 시간이 6~8시간인 그룹의 골관절염 유병율이 7.8%로 가장 낮았고, 6시간 미만인 그룹은 16.1%로 가장 높았다고 했다. 8시간 이상자 그룹은 12.7%였는데 지나친 수면은 염증 유발률을 오히려 증가시켜 관절 건강에 오히려 도움이 되지 않았다고 했다.

관절염 통증 완화에 오일 마사지를 해주면 아주 도움이 된다. 미국 듀크대 연구팀은 200명의 무릎관절염 환자 대상으로 오일을 바르고 부드럽게 주물러 근육을 풀어주는 '스웨디시 마사지'를 8주간 진행했더니 관절 통증이 개선되고 관절 기능이 증가되었다고 했다. 오일 마사지를 꾸준히 하면 관절염 개선에 효과가 있다는 것이다.

복근을 키우면 허리 통증 개선에 도움이 많이 된다. 성빈센트병원 정형외과 유기원 교수는 "만성요통에는 복근을 키우는 운동을 기본으로 하는 게 좋으며 12주 이상 진통소염제를 사용하면 위장장애 등 부작용 위험이 있어 좋지 않으며 만성요통에 소염제 사용은 좋지 않다"고 했다.

최고의 허리 운동은 '플랭크' 다. 엎드려서 허리를 쭉 펴고 팔꿈치로 상체를 지지한 상태에서 허리를 든 상태로 30초에서 1분간 버티는 플랭크 운동을 자주하면 복근 강화에 도움이 된다. 최악의 허리 운동은 윗몸일으키기다. 허리 통증이 있는 사람이 윗몸일으키기를 자주하면 오히려 허리 통증이 악화될 수 있으니 자제하는 편이 낫다.

- 무릎의 통증을 나타내는 건강이상시그널

■ 개요

무릎 건강은 중년 이후 삶의 질에 상당히 중요한 요소로 작용한다. 물론 젊은 시절부터 무릎이 아파도 고통은 이루 말할 수 없지만, 대부분의 무릎 통증은 중년 이후 퇴행성관절염이나 류머티즘 같은 형태로 만성화되어 나타나는 경우가 많다.

■ 건강이상시그널

무릎의 건강 상태를 체크해 볼 때는 귀의 대이륜 상각 부위를 확인해보면 가장 쉽다. 무릎에 통증이나 보행 장애가 있을 때 이 부위에 점이나 혈관 확장 같은 이상시그널이 나타난다.

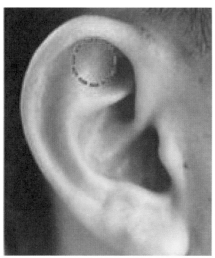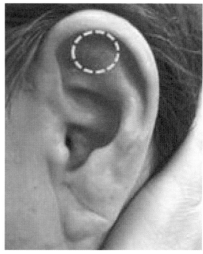

위의 사진에서 보듯이 귀의 대이륜 상각 중간 부위에 혈관 확장이나 검은 점 등이 나타나면 무릎에 통증이나 보행 장애가 나타나고 있다는 이상시그널이다. 무릎 건강에 가장 치명적인 영향을 주는 요소는 비만이다. 체중이 늘 때마다 무릎에 가해지는 압력은 기하급수적으로 증가한다. 체중 1kg 증가 시 무릎에 가해지는 압력은 그 7배인 7kg의 하중이 증가한다.

요즘 갑자기 살이 찌기 시작했다면 무릎 건강에 악영향을 줄 수 있으므로 체중 관리 에 더 신경 써야 한다. 체중 못지않게 무릎 건강에 중요한 것은 바로 '스트레스' 다. 스트레스를 많이 받으면 항스트레스 호르몬이 분비될 때 칼슘의 소모량이 증가한다.

칼슘은 혈중 칼슘이 모두 소진되고 나면 뼈 속 칼슘을 소모하기 시작하는데 잦은 스트레스는 뼈 속 칼슘의 소모를 촉진시켜 관절과 뼈, 치아 등이 쉽게 손상되는 것이다. 그래서 스트레스가 많은 직종에 근무하는 사람은 칼슘제재를 추가로 섭취하는 것이 좋으며 스트레스 해소를 위한 본인만의 노하우를 빨리 습득하는 것이 좋다.

- 손으로 나타나는 목의 건강이상시그널

■ 개요

손에도 역시 척추의 건강을 나타내는 건강이상시그널이 있다. 귀와는 상대적으로 상응 부위에 나타나는 건강이상시그널이 단순하지만 목과 허리의 건강 상태를 확인하는 데는 많은 도움이 된다.

■ 건강이상시그널

목의 이상을 나타내는 시그널은 척추의 목부분 상응 부위에 해당되는 중지의 손톱 밑 마디를 통해 알 수 있다. 이 부위가 휘어짐이 심하고, 휘어지는 증상이 나타나기 시작하면 목의 이상을 확인할 수 있다.

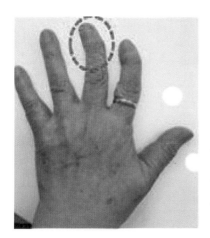

왼쪽 사진에서 보듯이 검지의 손톱 아랫부위의 마디가 휘어지기 시작하면 목의 통증을 의심해 봐야한다. 목의 통증은 이 부위의 휘어짐으로 확인할 수 있다. 목이 휘거나 뻣뻣해지면 어깨와 목이 아프고 생활에 불편함이 증가한다.

알기 쉽게 알려드릴게요!

인간은 직립보행을 하기 때문에 자세가 무너지면 자신의 몸무게를 분산시키지 못하고 고스란히 하중을 떠안고 살게 된다. 그로 인해 관절이 받게 되는 압력과 충격이 증가되어 통증이 생기고 불편함이 늘어난다. 다음 사진에서 보듯이 목의 휘어짐 정도에 따라 목뼈가 받는 하중에 차이가 많이 난다. 목뼈가 많이 휘어진 사람은 목에 가해지는 무게가 최대 20kg 정도까지 증가한다.

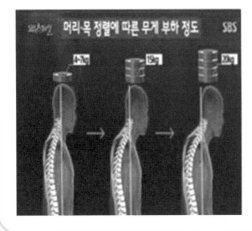

따라서, 건강한 목을 유지하기 위해선 바른 자세를 유지하고, 스트레칭을 자주하는 것이 좋다. 또한, 의자에 앉아서 일을 하는 사무직 근로자는 수시로 목을 풀어주는 운동과 허리를 풀어주는 운동을 병행하면 도움이 된다.

- 좌골신경통을 나타내는 건강이상시그널

■ 개요

좌골신경통은 좌골궁둥뼈 신경에 발생하는 염증이나 압박, 손상 등으로 인해 좌골신경과 관련된 부위인 대퇴부와 종아리, 발 등을 따라 나타나는 통증을 말한다. 좌골신경통은 나이가 많을수록 증가해 40대에 가장 많이 발병하고, 50대 이후부터는 발생 빈도가 감소하는 것으로 알려져 있다.

좌골신경과 관련된 통증은 엉덩이에서부터 아래쪽으로 대퇴부와 다리까지 통증이 있을 수 있고 발과 발가락의 통증을 동반할 수도 있다.

주 원인은 허리 디스크나 척추관 협착증 등이 원인이며 좌골 신경 주변 근육의 과도한 긴장이나 근막통증증후군 등에 의해서도 발생할 수 있다. 요통이나 엉치와 대퇴부 뒤쪽의 통증, 종아리나 발의 통증이 있을 수 있고, 통증과 함께 화끈거리거나 저린 느낌이 나거나 감각이 둔해지고 다리에 힘이 빠지는 등의 증상이 있을 수 있다.

- ■ 건강이상시그널

좌골신경통의 건강이상시그널은 귀로 잘 나타나는데 다음 그림을 살펴보면 귀의 대이륜 하각 중간 부위에 혈관 확장이나 검은 점, 검버섯 등의 시그널이 나타나는 것을 알 수 있다.

아래 사진과 같은 시그널이 나타나면 좌골신경통을 의심해봐야 한다.

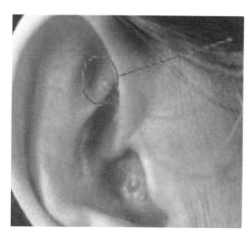

만약, 좌골신경통으로 인해 신경압박 증상이 있는데도 치료를 받지 않고 지낼 경우 하지의 감각 소실이나 근력 약화와 함께 근육 위축 등의 증상이 발생할 수 있으므로 병원을 찾아가 적절한 치료를 받는 것이 좋다.

알기 쉽게 알려드릴게요!!

좌골신경통에는 허리디스크나 척추관협착증으로 인한 발병 사례가 흔하므로 디스크 치료나 협착증 개선에 도움이 되고 면역력 증진 물질과 항산화 영양소가 풍부한 건강기능식품을 함께 섭취하면 도움이 된다.

속이 편해야 행복하다
위장병 관련 건강이상 전조증상

1. 일반편

- 중지로 보는 위장병 건강이상시그널

■ 개요

세상에는 즐거움을 주는 것이 상당히 많다. 그 중에서 가장 큰 즐거움은 먹는 즐거움이다. 우리가 매일 하루 세 끼 먹는 음식에는 기본적으로 밥도 있지만 술이나 커피 등 식사 외의 음식도 많다. 이런 먹는 즐거움에 가장 큰 위협이 되는 것은 위胃에 병이 생기는 것이다.

위장병이 생기면 먹는 음식에 제약이 따르고, 소화에도 나쁜 영향을 주기 때문에 먹는 것을 즐기는 사람이라면 위장 건강에 더욱 신경을 써야 한다.

강북삼성병원 서울종합검진센터 고병준 교수팀이 2007년부터 2009년까지 건강검진을 받은 1만893명을 대상으로 식사 속도와 위염의 상관관계를 분석한 결과 식사 시간이 5분 미만이거나 5~10분 사이인 사람은 15분 이상인 사람보다 위염에 걸릴 위험이 각각 1.7배, 1.9배 높은 것으로 나타났다. 밥을 빨리 먹으면 포만감을 덜 느끼게 돼 과식으로 이어지고, 과식으로 인해 음식물이 위에 오래 머물수록 위산에 많이 노출돼 위장 질환이 생길 위험이 높다는 것이다.

위는 속이 비어 있는 근육덩어리라서 많이 먹으면 늘어져서 위장운동을 방해한다. 가급적이면 프랑스 사람들처럼 식사 시간에 즐겁게 대화를 나누면서 천천히 식사를 하고 아울러 위장의 70~80%만 차도록 소식을 하면 위장이 편하게 음식을 소화할 수 있다.

■ 건강이상시그널

위장 건강에 문제가 생기면 손과 귀, 위장 이상 관련 이상시그널이 나타난다. 귀에 나타나는 이상시그널은 조금 뒤에 다시 언급하기로 하고 우선 손에 나타나는 위장의 건강이상시그널에 대해 살펴보자.

위장과 관련 있는 소화기 계통의 건강 상태는 중지를 통해 확인할 수 있다. 중지는 소화기의 건강 상태를 나타내며 중지 가장 하단부인 손등과 닿은 부위가 위장의 상태를 나타내는 상응 부위다.

위장 건강에 이상이 생기면 중지 하단부에 검은 점이나 붉은 반점, 뾰루지 같은 시그널이 나타난다.

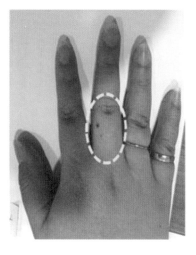

　왼쪽 사진을 살펴보면 중지 하단부에 검은 점이 보인다. 이는 위장에 오랜 기간 스트레스를 받은 흔적이며 이런 건강이상시그널이 나타나면 위장의 상태가 좋지 않다는 것을 알 수 있다.

　위장병은 만성이 되면 위장에 질병이 있다는 사실을 간혹 망각할 때가 있다. 간혹, 이런 증상이 있는 사람을 상담할 때 "위장 건강이 좋지 않은 것 같다"고 말을 하면 "원래 그렇다, 잘 모르겠다"고 하는 사람이 종종 있다. 하지만, 소화 기능이나 위장의 상태에 대해 자세히 물어보면 그제야 위장이 안 좋은 편이라고 말을 한다.

　유전적으로 위장 기능이 약한 사람도 있겠지만, 중지에 위와 같은 건강이상시그널이 나타난 사람은 위장 건강 관리에 남들보다 관심을 더 가져야 한다.

영국 배스대학교 연구팀이 12명의 건강한 성인 남성을 대상으로 아침 운동 전 식사를 하는 게 어떤 영향을 미치는지 연구한 결과, 빈 속에 운동을 하는 것보다 간단히 배를 채운 후 아침 운동을 하는 것이 하루 동안 신진대사를 원활하게 만드는 데 도움을 줬다고 했다.

에너지를 많이 쓰는 운동이나 정신노동을 하기 전에 적당량의 음식을 섭취해 주면 신진대사를 조절하는 데 더욱 좋다는 것이다.

위장은 음식을 먹을 때는 일정한 시간에 적당량을 꾸준히 섭취하는 것을 가장 좋아한다. 그런데 식사시간이 불규칙하거나, 식사량이 불규칙하거나 과음, 흡연 등 소화를 방해하는 요소를 자주 접하게 되면 위장에 병이 생긴다.

특히, 위장은 '기분파 장기'라고도 한다. 왜냐하면 기분이 좋으면 소화액이 잘 분비되고 기분이 나쁜 상태에서 음식을 먹게 되면 소화가 잘 안 된다. 따라서, 자신의 컨디션과 기분을 고려하여 식사를 하는 게 좋으며 기분이 좋지 않은 상태에서 식사를 하게 될 때는 식사량을 줄이고, 소화가 잘 되는 부드러운 음식을 먹는 게 좋다.

이렇게 생각합니다!

박성훈 고대구로병원 순환기내과 교수는 가슴에 통증이 생기는 원인이 심장 쪽의 문제도 많지만, 위나 식도와 같은 소화기질환 때문에 통증을 느끼는 경우가 50%나 된다고 했다. 심장 혈관을 70% 이상 막힐 때까지 증상이 잘 나타나지 않는 데 반해 위장병 때문에 가슴 통증을 느끼는 사례가 더 많다는 것이다. 그래서, 가슴 통증과 같은 건강이상시그널이 나타난다면 심장의 이상 못지않게 위와 식도의 이상도 함께 의심해봐야 한다.

- 급성위염과 만성위염의 건강이상시그널

■ 개요

위장 건강에 이상이 생기는 것은 많은 요인이 복잡하게 작용한 결과이며 대부분의 위장병은 오랜 시간 과음이나 과식, 스트레스, 흡연, 자극적인 음식 등을 인해 서서히 나타난 결과이다. 하지만 가끔 음식을 급하게 먹다가 체했거나, 갑자기 맵고 자극적인 음식을 과하게 먹다 보면 쉽게 위장에 탈이 나는 경우가 많다.

위장에 생기는 위염은 '급성위염' 과 '만성위염' 으로 크게 나눌 수 있는 데 이 두 가지 증상은 나타나는 건강이상시그널도 차이가 있다.

■ 건강이상시그널

만성위염은 대체로 오랜 시간 스트레스와 불규칙한 식사, 과식 등으로 인해 진행되었기 때문에 이상시그널도 대부분 검은 점이나 붉은 반점 등의 형태로 서서히 나타난다.

하지만 급성위염은 갑자기 근래에 짧은 시간 동안 생긴 증상이므로 건강이상시그널이 조금 다르게 나타난다. 이때는 뾰루지나 붉은 홍반 같은 증상으로 나타나며, 증상이 개선되면 이런 시그널이 사라지지만 개선되지 않으면 시그널이 진하게 변한다.

아래 오른쪽 사진에서 볼 수 있듯이 만성위염 〈사진 2〉는 대부분 점이나 반점 같은 시그널이 나타나지만, 급성위염 〈사진 1〉은 왼쪽 사진처럼 붉은 홍반이나 뾰루지 형태로 나타난다. 아래의 급성위염 환자는 60대 중반의 여성으로 며칠 전 음식을 잘못 먹어 심하게 위장에 탈이 났다고 했다. 그리고, 바로 중지 하단부가 가렵고, 붉은 홍반이 생겼다고 했다. 이 여성은 위장병이 개선되고 나서는 이 같은 시그널도 같이 없어졌다고 한다.

만약 중지 하단부가 자주 가렵고, 이 부위에 잦은 트러블이 생긴다면 위장건강에 적신호가 왔다는 것을 명심하자.

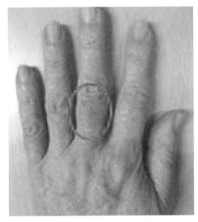 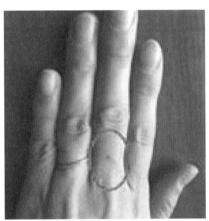

〈사진 1 급성위염〉　　　　　　　〈사진 2 만성위염〉

위장에 만성위염의 시그널이 있다면 앞서 언급한 위장 관리 방법을 활용하면 도움이 될 것이다. 만약, 급성위염 증세가 나타난다면 우선 위장을 편하게 만들어 줘야 한다. 속을 먼저 비우고 나서 부드럽고 소화가 잘 되는 죽이나 미음 등으로 위장에 부담이 가지 않는 식사를 하는 것이 좋다. 아울러 가급적이면 적게 먹고, 기분전환을 병행하는 것이 좋다. 또한, 술이나 카페인이 많이 함유된 음식과 맵고 자극적인 음식은 당분간 자제해야 한다.

위장 건강에 좋은 음식은 소화효소가 풍부한 생야채나 발효음식, 단백질이 풍부한 음식 등이 좋다. 위장병이 있는 사람은 위장도 근육덩어리이기 때문에 근육조직의 재생과 회복엔 양질의 단백질을 공급해주는 것이 좋다. 위암을 앓는 사람들은 단백질이 풍부한 살코기를 자주 섭취하도록 처방받는 데 이 또한 위장 조직의 재생을 위해 양질의 단백질을 섭취하기 위함이다.

◑ 이렇게 생각합니다! ◑

위장은 신기하게도 염증이나 상처가 다른 장기에 비해 빨리 치유되는 신비의 장기이기도 하다. 우리가 손가락에 상처가 생기면 보통 3~7일 정도 지나면 상처가 아물고 진정되기 시작하는데 위장에도 상처가 생기면 3~7일 정도 속을 편하게 해주고, 부드러운 음식과 기분 전환을 병행해 주면 회복되는 속도가 무척 빠르다.

하지만, 성급하게 위장이 편해졌다고 바로 음주나 과식, 자극적인 음식 등을 접하게 되면 위장의 회복 속도를 방해해서 근본적인 치료를 막고 만성적인 질환으로 진행되기도 하니 주의해야 한다. 위장 건강에는 소식(小食)이 최고의 치료법이다.

- 귀로 보는 위염 건강이상시그널

■ 개요

귀는 인체의 축소판이라고 했다. 위장에 이상이 생겨도 건강이상 시그널이 나타난다. 위장에 해당되는 상응 부위는 귓바퀴 끝부분으로, 위장에 이상이 생기면 이 부위에 다양한 건강이상시그널이 나타난다.

■ 건강이상시그널

위장의 건강이상시그널은 이륜각의 가장 끝부분에서 주로 나타난다. 위염과 같은 위장병이 생기면 귓바퀴 끝부분 주위에 상처나 염증, 뾰루지, 탈설귀지 같은 하얀 가루가 끼는 현상 같은 시그널이 나타난다.

왼쪽 사진에서 살펴보면, 위장 상응 부위인 귓바퀴 끝부분에 하얀 염증

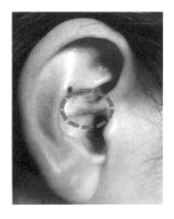

과 상처가 보이는데 이 같은 시그널이 대표적인 위염의 시그널이다. 그리고 귓바퀴 끝부분이 늘어지거나 휘어지면 위장이 늘어져 위장 운동이 원활하지 못하다는 시그널을 나타내는 것이다.

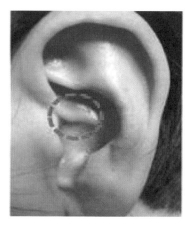 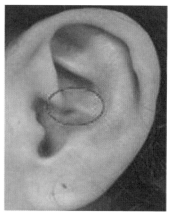

위 사진에서 보듯이 귓바퀴가 휘어지거나 끝부분이 길게 확장되거나 늘어져 있으면 위장이 늘어져 제대로 된 위장 기능을 수행하지 못하고 있다는 것이다.

위장에 염증이 생기면 우선 위장의 상처를 치료해야 한다. 위장 조직을 재생하고, 상처치유에 도움이 되는 비타민과 효소 같은 항산화 영양소를 자주 섭취하고, 소식과 절식으로 위를 편하게 해줘야 한다.

또한, 상처 치유에 도움이 되는 알로에나 홍삼 같은 건기식도 도움이 되나 우선 위장 상처를 치유하는 데 직접적인 도움을 주기 위해 위장약을 복용하는 편이 낫다. 그리고 위장이 늘어져 있다는 것은 위가 과식과 폭식 등으로 인해 커져 있다는 것이므로 소식과 절식으로 위장이 서서히 크기가 원래 크기로 돌아갈 수 있도록 도와줘야 한다.

위암 사망률이 세계에서 가장 높은 국가는 어디일까? 바로 일본이다. 일본은 10만 명당 위암 사망률이 50명에 달하는데 이는 우리나라보다 2배나 높은 수준이다. 일본의 위암 사망률이 높은 이유는 생선회를 즐겨먹는 섬나라이기 때문이다. 일본은 세계에서 가장 헬리코박터균에 의한 위암 사망률도 가장 높다. 헬리코박터균은 위장 점막에 주로 서식하며 감염을 일으키는데 위염, 위궤양, 위암 같은 무서운 질병의 원인물질이 되기도 한다.

이런 헬리코박터균에 아주 똑똑한 치료 음식이 있다고 한다. 분당차병원 소화기내과 함기백 교수는 〈헬리코박터 파이로리균 감염과 음식을 통한 연관질환 완화 및 암 예방적 접근〉이라는 논문에서 헬리코박터균을 잡는 6가지 식품을 소개했다. 그 내용은 다음과 같다.

하나, '홍삼' 이다. 홍삼은 헬리코박터균에 감염된 사람에게 항생제와 함께 복용을 시켰더니 제균율이 15%나 상승했다.

둘, '감초' 다. 감초는 식약처로부터 헬리코박터균 증식 억제와 위 건강 소재로 국내 최초로 인정받은 물질이다.

셋, '김치' 다. 김치 속 양념과 유익균은 헬리코박터균의 억제와 위 건강 증진에 효과가 있다.

그 외 요구르트(유산균), 마늘, 오메가-3가 헬리코박터균 억제에 도움을 준다.

- 입 주변이 잘 헌다면 위장이상시그널

■ 개요

가끔 입 주변이 헐거나 입가에 상처가 생기는 경우가 있는데 이것은 위장의 건강과 관련된 시그널이다. 구강 내 세균이나 바이러스가 증가해도 입가에 문제가 생기기도 하지만, 침 분비가 잘 안되거나 위장에 이상이 있으면 이런 증상이 나타나기도 한다.

■ 건강이상시그널

입 주변이 잘 헌다면 위장 건강에 이상이 있다는 시그널이다. 과로나 스트레스를 많이 받은 다음 날이면 피로감이 증가하여 구강 내 침 분비가 잘 안 되거나 소화가 잘 안 되는 경우가 있다. 입맛도 없고, 입안이 까실까실한 느낌도 받는데 이는 피로로 인해 신진대사가 활발하지 못해 구강 내 침 분비가 원활하지 못해서 그렇다.

입아귀위아래 입술이 만나는 이음매가 잘 헐거나 빨갛게 짓무르면 위염이 의심되므로 각별히 관심을 가져야 한다. 음식을 제대로 씹지 않고 급하게 삼키거나 과식을 자주 하면 위벽이 잘 헐게 되므로 식사 시 유의해야 한다.

위염이 있으면 가끔 식욕을 억제하지 못하기도 하는데 이것은 '가짜 식욕' 이므로 주의해야 한다. 입 주변이 잘 헌다면 매운 음식은 가급적 피해야 한다. 소식과 자극적이지 않은 음식을 섭취해야 하며 소화가 잘 되고, 소화효소가 풍부한 식사를 하면 좋다.

아울러 천천히 식사를 하고, 과식을 피해야 한다. 새콤한 과일은 침 분비에 도움이 되므로 입안이 건조할 때 먹으면 도움이 되며 물을 자주 섭취하는 것도 좋다.

- 구강 관련 건강이상시그널

- 개요

중지는 소화기 건강 상태를 나타내는데 중지 손톱이 있는 부위는 구강과

끝 마디(입과 구강)

둘째 마디(식도와 위장 건강)

첫째 마디(위장 건강)

밀접한 관련이 있는 상응 부위다. 이곳을 사고로 다치게 되거나 트러블이 자주 발생한다면 구강 관련 질환을 의심해봐야 한다.

■ 건강이상시그널

중지 손톱이 있는 부위는 입과 구강 관련 질환을 나타내는 상응 부위다. 이 곳에 상처나 뾰루지와 같은 트러블이 자주 생기는 것은 구강에 이상이 있다는 건강이상시그널이다.

사고나 외부의 충격 등으로 이 부위를 다쳐도 구강 건강에 나쁜 영향을

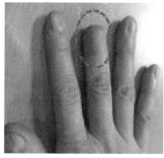

〈사진 1〉

준다. 〈사진 1〉은 젊었을 때 사고로 중지의 끝 마디를 다친 여성의 손으로 이 사고로 인해 구강 건강에 큰 문제가 생긴 사례다. 사고 후 구강의 침 분비에 장애가 생겨 평상시에도 침이 잘 분비되지 않는다고 한다.

대화를 하는 도중에도 입안이 잘 말라서 물을 마셔 입안을 자주 적셔줘야 한다는 것이다. 늘 식욕이 없고, 소화기능도 많이 떨어졌다고 한다.

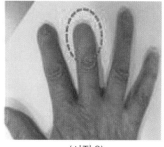

〈사진 2〉

〈사진 2〉도 역시 사고로 젊었을 때 검지와 중지 끝 부분을 다친 사람으로 이 사고로 인해 구강 건강에도 좋지 않은 영향을 주고

있다고 한다. 30대에 침샘에 암이 생겨 수술을 한 번 했으며 이후 70대에도 침샘암이 재발하여 다시 수술을 했다고 한다. 검지 끝부분도 사고로 다친 이후 뇌 건강에 좋지 않은 영향을 준 것으로 보이며 이후 공황장애가 발생하여 고생을 많이 했다고 한다.

알기 쉽게 알려드릴게요!

중지 끝 부분이 사고로 다쳤거나 이 부위에 뾰루지나 잦은 트러블이 생긴다면 구강 건강에 이상이 있다는 시그널이므로 이런 사실을 미리 알아두면 상당히 큰 도움이 될 것이다. 이런 증상이 있다면 침 분비를 도와주는 새콤한 과일이나 매실엑기스와 같은 발효차를 자주 섭취하면 좋다.

또한, 따뜻한 차나 물을 자주 섭취하고, 위장 건강에 좋은 양배추나 해조류, 쌈 종류를 자주 섭취하면 좋다. 가급적 과식과 폭식, 과음 등을 삼가고, 소식과 절식으로 위장을 편하게 해주는 것이 좋다.

구강건조증 예방에 도움이 되는 방법을 소개하면 다음과 같다.

하나, 시원한 물로 입안을 골고루 헹군다.

둘, 침 분비 자극 운동을 한다.

1) 먼저 입을 다문 상태에서 혀를 윗잇몸에 대고 천천히 3바퀴 돌린다. 이때 혀를 이용해 입술 안쪽 점막과 볼 안쪽 점막까지 충분히 마사지한다.

2) 이후 입을 다문 상태에서 혀를 아랫잇몸에 대고 반대 방향으로 천천히 3바퀴 돌린다.

3) 관자놀이 바로 밑의 턱이 시작되는 곳과 턱 아래쪽 부위를 둥글게 천천히 돌려주면서 3면 마사지한다.

4) 혀를 안쪽 아랫잇몸의 안쪽에 대고 바깥쪽으로 3번 천천히 쓸어올린다.

5) 혀를 오른쪽 아랫잇몸 안쪽에 대고 바깥쪽으로 3번 천천히 쓸어올린다.

6) 관자놀이 바로 밑의 턱이 시작되는 곳과 턱 아래쪽 부위를 둥글게 천천히 돌려주면서 3면 마사지한다.

셋, 하루 4회 시행한다. (오전 9시, 오후 1시, 오후 5시, 밤 9시 경)

- 역류성식도염을 나타내는 건강이상시그널

■ 개요

역류성식도염은 위산이 역류하여 염증을 유발하는 질병이다. 스트레스, 자극적인 음식, 약물 등이 위산 역류를 촉진한다. 식도는 입에서 침과 함께 소화된 음식물을 내려 보내는 기관이다. 위산이 역류하여 식도가 손상되면 염증을 유발하여 역류성식도염에 잘 걸릴 수 있다.

■ 건강이상시그널

역류성식도염은 아래의 사진처럼 중지의 둘째 마디가 붓거나 커지게 되는 건강이상시그널을 통해 증상을 알 수 있다. 중지 하단부인 위와 식도가 만나는 곳이 바로 둘째 마디인 위의 '분문' 부위다.

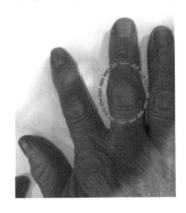

위에는 식도로부터 음식이 들어오는 '분문' 과 소화한 음식을 십이지장으로 내려 보내는 '유문' 이라는 두 개의 입구가 있는데 역류성식도염은 위산이 분문 부위로 역류하여 생기는 질병이다.

역류성식도염은 위산이 역류하는 질병으로 식사 후 바로 눕거나, 위장 내 음식이 과하게 남아 있으면 쉽게 나타난다. 또한, 뜨거운 차를 자주 마시거나 카페인이 함유된 음식을 자주 섭취해도 위산 역류가 잘 생긴다. 과음과 과식은 위산 역류에 가장 큰 위험 요인으로 가급적이면 과음을 삼가고, 소식을 하는 식습관으로 개선해야 한다. 역류성식도염을 개선하려면 위의 산도를 떨어뜨리는 칼슘과 철분이 많이 함유된 음식, 항산화 작용으로 염증 완화에 도움을 주는 비타민 A, B군이 풍부한 제철과일과 생야채를 자주 섭취하는 것이 좋다. 또한, 미량영양소가 풍부한 양배추와 신선한 채소를 자주 섭취해야 하며 우유, 달걀, 생선 등 양질의 단백질도 위식도 역류 질환 개선에 도움이 된다.

◑ 이렇게 생각합니다! ◐

탄산음료를 자주 마시면 식도암 발병률이 높아진다. 인도의 타타메모리얼병원 연구진이 미국인을 상대로 25년간 식도암 발병률을 조사 분석한 결과 1인당 탄산음료 소비 증가가 식도암 발병률을 증가시키는 것으로 확인됐다. 탄산음료를 마시면 위가 팽창하여 위액이 역류하기 쉽다. 위액 역류가 식도암이 생기는 주요 원인이 된다. 역류성식도암 증세가 있는 사람은 가급적 탄산음료나 뜨거운 차의 섭취를 줄이고, 따뜻한 물을 자주 마시는 편이 좋다.

신경질적인 사람이 빨리 늙는다
신경계 건강이상 전조증상

1. 일반편

- 귀를 보면 총명함이 보인다

출처: MBN 엄지의 제왕

■ 개요

머리 좋은 사람들에게는 공통점이 하나 있다. 그것은 바로 총명함이 귀로 나타난다는 것이다. 토끼처럼 쫑긋한 귀를 말하는 것이 아니다. 바로 이 부위를 보면 총명함이 있는지 알 수 있다.

■ 건강이상시그널

유엔 사무총장들의 귀를 살펴보면 공통점이 하나 있다. 귓불 위의 튀어나온 부위인 대귀덕 부위가 위쪽으로 솟아 있다는 것이다. 이 부위는 '총명구' 인데 머리가 좋은 사람은 이 부위가 위쪽으로 많이 솟아 있다. 반면, 이 부위가 흔적이 없고, 무너져내린 사람은 머리를 많이 쓰지 않는 사람이다.

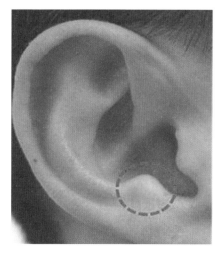

왼쪽 사진처럼 귓불 위의 대귀덕 부위가 위로 많이 솟아 있어야 총기가 있고 똑똑한 사람이라고 본다.

만약, 대귀덕 부위가 무너져 흔적이 희미한 사람은 이 부위를 당겨서 꾹 눌러보자. 아침저녁으로 세안 후 이 부위를 당겨서 5초 정도 꾹 눌러주는 것을 매일 10회 정도씩 해주면 뇌에 자극을 주어 치매 예방 및 두뇌 회전에도 도움이 된다.

혹시 어린 자녀가 있다면 매일 잠들기 전에 자녀의 이 부위를 마사지 해주면 똑똑하고 두뇌 회전이 좋은 아이가 될 수 있으니 한 번 시도해보자.

◑ 이렇게 생각합니다! ◐

기억력이 좋고 똑똑한 사람은 대인관계도 좋다. 하버드대학교에서 가족과 친구, 공동체와의 관계에 대해 79년 간 추적하여 연구한 결과 친구관계와 대인관계가 좋은 사람은 그렇지 않은 사람보다 더 행복하고, 육체적으로 건강하게 오래 살았다고 한다. 이뿐만 아니라, 질 좋은 친구관계를 맺고 있는 사람은 신체뿐 아니라 두뇌에도 영향을 미쳤으며 이들은 심리적으로 자신이 의지할 상대가 있다고 느끼고 있었으며 기억력이 뛰어났다고 한다.

우리는 IQ가 높으면 최고라고 생각하는 경향이 있다. 하지만, 실제로 직장생활을 하는 사람 중에 '똑똑하지만 이기적인 사람' 보다 '똑똑하지는 않지만 따뜻한 사람' 이 훨씬 인기가 많다. IQ보다는 EQ가 높은 사람이 성공하기 쉽다는 사실을 잊지 말자.

- 신경질적인 사람이 얌전한 사람보다 뇌 노화가 빨리 온다

■ 개요

지속적인 스트레스는 건망증을 야기한다. 건망증은 잦은 스트레스나 우울증 등과 함께 나타나거나 분노, 불안, 초조감을 동반하는 상황에서 더 심해진다. 지속적인 스트레스는 뇌를 빨리 손상시켜 치매를 유발하기도 한다.

신경질적인 사람은 얌전한 사람보다 신경회로가 몰려 있는 뇌 겉질 부피가 작은 경향이 있다. 뇌 노화가 빨리 와서 퇴행성 변화가 상대적으로 크게 올 수 있다는 것이다.

■ 건강이상시그널

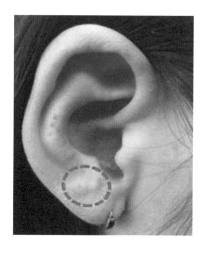

신경질적이거나 신경이 예민한 사람은 귀로 신경계 관련 건강이상시그널이 나타난다. 귓불 위에 솟아 있는 부위인 대귀덕 부위 바로 아래가 '신경쇠약구' 상응 부위다. 신경이 예민한 사람은 이 부위가 부어 있거나 점이나 검버섯, 뾰루지 같은 트러블이 잘 생긴다.

옆의 사진을 보면 신경쇠약구가 부풀

어올라 있다. 이런 시그널은 신경이 예민하고, 근심 걱정이 많다는 시그널이기도 하다.

알기 쉽게 알려드릴게요!

스트레스의 진짜 정체는 바로 마음이다. 자신이 생각하는 것보다 복잡하거나, 힘들거나, 생각하지도 못한 일이 발생하면 사람들은 스트레스를 받는다. 기존 방법으로 해결하려고 해도 쉽게 해결책이 생각나지 않으면 신경은 더 날카로워지게 마련이다. 내 마음이 받아들이지 못하는 일이 자주 생기면 생각의 방식을 바꿔야 한다. 마음을 돌리고 새로운 해결책을 찾아야 한다. 불만에 속지 말고, 희망에 기대를 걸고 살아야 한다. 비관론자는 자신의 걱정이 현실이 될까봐 늘 불안해하고, 낙관론자는 자신의 기대가 현실이 될 것이라는 믿음을 가지고 산다. 기왕이면 인생을 낙관적으로 사는 노력을 해보자.

◑ 이렇게 생각합니다! ◐

현대인은 바쁘지 않으면 불안해한다. 과도한 비쁨 증상은 피로감, 불면증, 불안감, 두통, 속쓰림과 같은 현상을 야기한다. 실제로는 우리가 바쁘게 살고 있지만 통제할 수 있는 비쁨이 훨씬 더 많다. 시간 계획을 세우고, 업무의 우선순위를 정해 마음의 여유와 체계적인 시간 관리를 하면 삶의 질을 개선할 수 있을 것이다.

- 두통을 나타내는 건강이상시그널

■ 개요

스트레스는 크게 두 가지로 분류해볼 수 있다. 해로운 스트레스인 '디스트레스distress' 와 이로운 스트레스인 '유스트레스eustress' 로 구분할 수 있다. 우리가 보통 스트레스로 느끼는 '디스트레스' 는 실패나 좌절, 쉽지 않은 인간관계, 고민, 불안과 공포 등 몸이나 마음이 괴로워서 의욕을 상실하면서 건강을 해치게 만드는 나쁜 스트레스가 대부분이다. 하지만, 도전과 목표, 스포츠나 놀이, 의욕 등 자신감을 불어 넣어주고 집중력을 높여주며 힘이 나게 하는 좋은 스트레스도 있다.

스트레스를 자주 받으면 머리가 아프고 의욕이 떨어진다. 이럴 때 스트레스의 정체가 뭔지 정확하게 분석해볼 필요가 있다. 가끔 좋은 스트레스 때문에 미리 걱정하는 사람들도 많다. 걱정부터 하지 말자. 시작이 반이다. 자신을 믿고 도전해 보자.

■ 건강이상시그널

두통과 같은 머리 아픈 일이 잦은 사람은 귓불 위에 솟아 있는 대귀덕 부위에 점이나 반점, 뾰루지 같은 건강이상시그널이 잘 생긴다.

다음 사진처럼 대귀덕 부위에 점이나 반점 같은 트러블이 자주 생기는 것

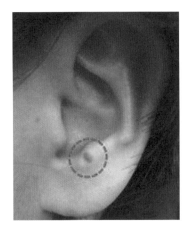

은 두통과 같은 골치 아픈 일이 많거나 그와 같은 일로 스트레스를 많이 받았었다는 시그널이다. 만약, 이 부위에 뽀루지가 잘 생긴다면 최근에 골치 아픈 일이 많았다는 시그널이다.

스트레스를 극복하는 식사법에 대해 소개한다.

하나, 물을 자주 마셔라. 스트레스로 인해 걸쭉해진 혈액을 묽게 만들어준다.

둘, 섬유소를 충분히 섭취하라. 스트레스 때문에 무력해진 장을 개선시켜준다.

146

셋, 비타민 A, C, E 가 풍부한 과일과 생야채를 자주 먹자. 항스트레스 기능을 한다.

넷, 스트레스를 받을 때 홧김에 절대 과식이나 폭식을 해서는 안 된다.

다섯, 커피나 홍차, 콜라 등 카페인이 많이 함유된 음식은 체내 칼슘 배출을 촉진하니 되도록 피하자.

여섯, 설탕이 많이 함유된 케익이나 빵은 잠시 기분을 좋게 했다가 이내 더 피곤하고 우울하게 만들 수 있다. 칼로리가 높은 간식은 자제하자.

일곱, 적당한 운동을 규칙적으로 하고, 식욕과 신진대사를 관리하자.

◑ 이렇게 생각합니다! ◐

부정적인 생각은 정신 건강에 치명적이다. 보건사회연구원에서 노인 1,463명을 대상으로 정신 건강에 대해 조사를 했더니 '희망이 없다' 고 생각하는 노인은 우울증이 많았다.

특히, 노인의 경우 미래에 대해 절망감을 느끼거나 자기 스스로를 부정적으로 생각하는 습관이 있으면 우울증이나 불안장애 위험이 높아졌으며 이들 중 61%가 우울증을 호소했고 40%가 불안 장애를 느꼈다. 반면, 부정적인 생각을 잘 하지 않는 노인은 우울증과 불안 장애 비율이 각각 38%, 17%로 낮았다고, 낙천적으로 생각하며 매일 감사하며 사는 것이 정신 건강에 좋다는 것을 명심하자.

- '신경쇠약구'를 보여주는 약지의 건강이상시그널

■ 개요

신경계 건강이상을 나타내는 신경쇠약구는 귀에만 있는 것이 아니라 손으로도 나타난다.

약지의 둘째 부위를 통해서도 신경계 질환을 확인할 수 있다.

■ 건강이상시그널

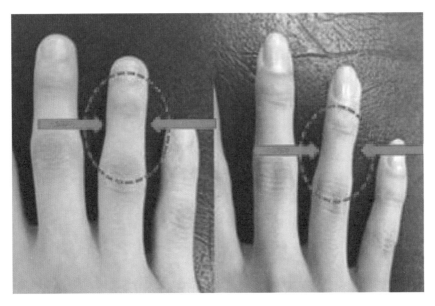

약지의 둘째 마디가 위의 사진처럼 좁거나 가늘어져 있다면 신경계 관련

장기에 건강이상시그널이 나타나고 있는 것이다. 약지의 둘째 마디는 신경쇠약구라는 신경계 상응 부위로서 이 부위가 좁거나 가늘어지는 이유는 신경계와 연관된 장기인 대장이나 기관지가 잦은 스트레스로 인해 오랜 시간 자극을 받았기 때문이다.

신경계에 스트레스를 자주 받으면 신경의 영향을 많이 받는 대장과 기관지의 기능이 떨어지는 데 이 때 신경쇠약구는 더 약화되고 예민해지게 되어 좁거나 가늘어지는 시그널이 나타나는 것이다.

최근 필자는 부산대 의대교수와 함께 방문판매원과 여성 148명을 대상으로 조사한 결과, 약지가 유독 얇고 푹 파인 듯 좁고 가늘어진 사람은 '과민성장증후군' 위험이 높은 것으로 나타났다. 과민성장증후군의 주된 악화 요인은 과도한 스트레스와 피로 등이다. 뇌는 피로감을 느끼면 신경전달물질 분비를 변화시키는데 이로 인해 위장관의 이상 증상이 나타나는 것이다.

알기 쉽게 알려드릴게요!

과민성장증후군 같은 신경성 질환은 신경쇠약구를 통해 나타나는데 과민성장증후군은 전 인구의 10%가 보유할 만큼 흔한 질병이다. 그만큼 많은 사람들이 스트레스를 받고 있다는 방증이기도 하다. 과민성장증후군을 유발하는 음식은 생마늘이나 생양파 등 자극적인 음식과 고지방식품, 각종 밀가루 음식, 유제품 등이다. 스트레스를 받으면 이 같은 음식은 자제하는 편이 낫다.

장을 편하게 만드는 대표적인 음식은 유산균이 많이 함유된 음식이나 바나나, 오렌지, 딸기, 고구마, 감자, 토마토, 쌀, 붉은색 육류 등이다.

아울러 화가 날 땐 면역력이 떨어지고 소화도 잘 안 된다. 이럴 때 우선 용서하는 마음을 가지고 상대를 이해하려고 노력해야 한다. 마음이 편해야 장도 편해진다.

사회생활을 잘 하는 사람은 EQ(Emotion Quality)가 높은 사람이다. 이런 사람은 상대적으로 스트레스를 적게 받고 대인관계도 원활하다. EQ를 높이는 방법을 소개하면 다음과 같다.

하나, 성급하게 부정적인 결론을 내리지 마라.

둘, 객관화하는 훈련을 자주 하라.

셋, 까탈스러운 사람을 상대할 경우는 감정이입을 하라.

넷, 명상을 자주하라.

다섯, 다방면으로 독서를 하라.

○ 이렇게 생각합니다! ○

장 속에는 행복호르몬인 세로토닌을 만드는 미생물이 존재한다. 뇌와 장은 '미주신경'으로 직접 연결되어 있으며 세로토닌은 장에서 유익균에 의해 생성된다. 세로토닌의 95%가 만들어지는 곳이 바로 장이다.

장이 건강한 사람은 세로토닌의 생성이 왕성하여 늘 즐겁고 행복하다고 느낀다. 반면, 장이 약한 사람은 세로토닌 생성이 원활하지 못하여 불안하고 우울한 기분을 느낄 때가 그렇지 않은 사람보다 더 많다고 한다.

세로토닌이 많이 함유된 음식은 바나나와 오리고기, 돼지고기 등이다. 또한, 낮에 햇볕을 충분히 쬐여 주면 세로토닌 합성에도 도움이 된다.

- 약지를 통해 보는 알레르기성 비염의 시그널

■ 개요

알레르기성 비염은 재채기와 맑은 콧물, 코막힘 등의 특징적인 주 증상을 가지는 만성질환이다. 주로 알레르겐이라는 원인물질에 의해 과민반응을 일으켜 발생하지만 면역계 저하와도 관련이 있다. 소아기 때부터 발병하는 경우가 많으며 최근에는 대기오염, 미세먼지 등에 따라 환자 수가 날로 증가하고 있다. 주된 자극 요인 중 '감정적인 스트레스'가 차지하는 비중이 크며 면역력이 떨어지면 증상이 심해진다.

■ 건강이상시그널

알레르기성 비염 증상은 코와 면역계 이상이 결합된 질병으로 약지의 손톱이 있는 끝 부위가 바로 코의 질병 상태와 관계가 있는 상응 부위다.

약지 끝 부위가 가늘어지고, 휘거나 좁아지면서 둘째 부위까지 가늘어지면 알레르기성 비염이 나타난다는 시그널이다.

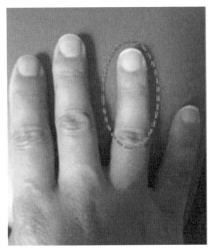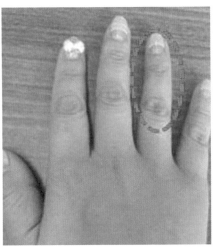

위의 사진처럼 약지의 끝 부위부터 둘째 부위까지 가늘고 좁아지는 시그
널은 비염 증상이 있다는 것이다. 이 두 사진의 사람은 모두 알레르기성 비
염이 있으며 장 기능도 약한 편이다. 알레르기성 비염의 건강이상시그널을
확인할 때는 반드시 약지 끝 부위부터 가늘어지고 좁아져 있는 시그널을
체크해봐야 한다.

주요한 알레르기 유발 물질로는 집먼지, 진드기, 미세먼지, 꽃가루, 곰팡이, 동물의 털, 향수, 페인트, 담배연기, 암모니아, 갑작스런 온도 변화나 습도 변화, 기압 변화, 감정적인 스트레스 등이 있다. 알레르기성 비염이 있는 사람은 알레르기 유발인자를 사전에 멀리하는 게 좋다. 특히, 미세먼지가 많이 날리는 황사철에는 반드시 마스크를 쓰고 다녀야 하며 갑작스런 온도나 습도 변화 시에는 보온이나 환기에 유의하여 활동해야 한다.

감정적인 스트레스와 면역력 저하는 알레르기성 비염뿐만 아니라 다른 알레르기성 질병에도 나쁜 영향을 주기 때문에 가급적 스트레스 관리와 면역 증진에 도움이 되는 양질의 영양소를 섭취하고, 규칙적인 운동을 병행하는 것이 좋다.

◑ 이렇게 생각합니다! ◐

오래 앉아있을수록 알레르기성 비염에 잘 걸린다. 서울대 스포츠과학연구소 김연수 교수는 "앉아 있는 시간이 길어질수록 에너지 소비량이 감소되며 체내 염증물질이 증가한다. 이로 인해 알레르기성 비염 위험이 증가하며 평소에 근력운동을 하면 백혈구 중 면역관련 세포 숫자가 늘어나고 면역기능이 강화되어 체내 염증이 줄어든다"고 말했다. 체내 염증이 줄어들면 비염 증상도 개선된다. 앉아서 일을 많이 하는 직장인이나 수험생이라면 1시간에 1번씩 자리에서 일어나 5분 정도 스트레칭이나 가벼운 몸풀기 운동을 병행해주면 호흡기 건강과 순환기 건강에 많은 도움이 된다. 그리고 주 3회 정도는 매회 1시간 씩 근력운동과 유산소운동을 병행하면 면역력 증진에 큰 도움이 된다.

- 부유한 집 아이의 약지가 더 길다

■ 개요

영국 스완지대학교의 연구진이 BBC의 인터넷 온라인조사를 통해 200여 국에서 25만여 명이 제출한 데이터를 분석한 결과 소득이 평균보다 높은 부모가 낳은 아이들은 약지가 검지보다 상대적으로 더 길었다. 반면, 평균보다 소득이 낮은 부모가 낳은 아이들은 검지가 약지보다 더 길었다.

■ 건강이상시그널

검지는 여성호르몬의 영향을 많이 받고, 약지는 남성호르몬의 영향을 많이 받는다. 캐나다 맥길대학교 연구진은 "검지가 짧고 약지가 긴 남성은 여성에게 부드러운 행동을 하는 경향이 있고 더 매력적이다"라는 연구 결과를 발표했다. 이는 약지가 남성호르몬인 테스토스테론의 영향을 더 많이 받기 때문이며 약지가 길면 더 매력적이고, 자상하다는 것이다. 또한, 남성의 생식기 길이도 그렇지 않은 사람보다 더 길었다고 한다.

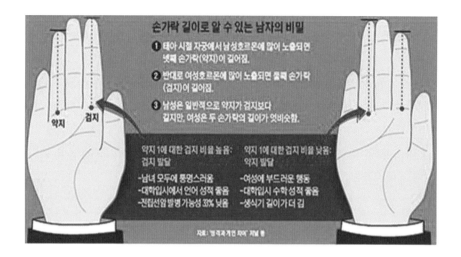

손가락 길이로 알 수 있는 남자의 비밀

① 태아 시절 자궁에서 남성호르몬에 많이 노출되면 넷째 손가락(약지)이 길어짐.

② 반대로 여성호르몬에 많이 노출되면 둘째 손가락(검지)이 길어짐.

③ 남성은 일반적으로 약지가 검지보다 길지만, 여성은 두 손가락의 길이가 엇비슷함.

약지 1에 대한 검지 비율 높음: 검지 발달
- 남녀 모두에 똑똑스러움
- 대학입시에서 언어 성적 좋음
- 전립선암 발병 가능성 33% 낮음

약지 1에 대한 검지 비율 낮음: 약지 발달
- 여성에 부드러운 행동
- 대학입시 수학 성적 좋음
- 생식기 길이가 더 김

자료: '성격과 개인 차이' 저널 등

　약지가 긴 여성 또한 그렇지 않은 여성보다 더 적극적이며 활발했으며 약지가 긴 여성은 아들을 출산할 확률도 높다. 가천대길병원과 서울대병원 비뇨기과 공동연구팀은 비뇨기 질환으로 입원 치료를 받았던 60세 미만 508명남자 257명, 여자 251명을 대상으로 손가락 길이 차이와 자녀의 성비를 조사한 결과, 여성의 약지가 검지보다 더 길면 아들 낳을 확률이 더 높았다.

약지와 검지의 길이는 성격과 성향 분석에 많이 활용할 수 있다. 약지가 검지보다 긴 사람은 더 활동적이고 적극적인 경향이 있고, 검지가 약지보다 더 긴 사람은 침착하고 꼼꼼하며 전문적인 일을 하면 일의 성취감이 더 높아진다. 사회생활을 할 때 상대방의 약지와 검지의 길이를 통해 상대방의 성향을 미리 알 수 있다면 대화를 풀어나가는 데 더 많은 도움이 될 것이다.

◐ 이렇게 생각합니다! ◑

여성의 검지와 약지의 손가락 길이 비율 차이가 체내 호르몬 특히 (테스토스테론) 수치와 상당히 큰 관계를 맺고 있기 때문에 자녀의 성 결정에도 적지 않은 영향을 미친다. 자녀의 성 결정이 남성보다는 여성의 영향을 더 많이 받을 수 있다는 점이 약지의 길이 조사를 통해 확인 되었다.

2. 남성편

- 약지가 더 길면 정력과 운동신경이 발달한다

■ 개요

앞서 약지가 검지보다 더 긴 남성은 그렇지 않은 남성보다 더 여성에게 매력적이며 자상하다고 했다. 또한, 약지가 긴 남성은 그렇지 않은 남성보다 정력과 운동신경이 발달한다.

◑ 이렇게 생각합니다! ◐

미국 노스다코타대학교 운동신경학과 교수진이 미국의 57명의 젊은 남성들의 손가락 길이를 조사해 정력 및 운동신경을 비교한 결과 약지가 길수록 정력과 운동신경이 더 좋다는 결과가 나왔다. 약지의 길이는 절댓값이 아닌 검지 길이를 약지 길이로 나눈 값을 이용했으며 검지와 비교해 약지가 많이 길수록 정력이 좋다는 의미를 나

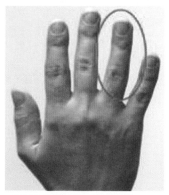

타낸 것이다.

이전에도 약지 길이가 정자 수나 생식기 길이와 비례한다는 연구가 나온 사례도 있으며 일부 전문가들은 엄마 뱃속에서 손가락이 형성될 때 호르몬의 영향을 받는 게 원인이라고 추측하고 있다. 약지는 남성호르몬인 테스토스테론의 영향을 많이 받고, 검지는 여성호르몬인 에스트로겐의 영향을 더 많이 받는다고 한다.

출처 헬스조선 2021년 3월 5일

스트레스를 조절하는 장기가 있다
갑상선 건강이상 전조증상

1. 일반편

- 갑상선 이상을 알리는 건강이상시그널

■ 개요

갑상선Thyroid은 목 앞 중앙에 위치하며 무게가 15~20g 정도 되는 내분비기관으로 갑상샘 호르몬과 칼슘 분비에 관여하는 '칼시토닌' 을 생성하여 분비하는 장기다. 갑상선은 목 앞 중앙에 있고 앞에서 보면 나비 모양으로 후두와 기관 앞에 붙어 있다.

항스트레스 호르몬을 분비하는 아주 중요한 역할을 한다. 그리고 에너지 대사와 신진대사에 관여하며 체온 유지를 도와주는 '인체의 온도계' 역할도 수행한다. 이뿐만 아니라, 태아와 신생아의 뇌와 뼈의 성장에도 관여하고, 성인의 뼈 건강에도 아주 중요한 역할을 한다.

■ 건강이상시그널

갑상선은 중지의 손톱 밑부분이 상응 부위다. 갑상선에 이상증상이 있으면 중지의 손톱 밑 부분에 점이나 홍반, 딱딱하게 붓는 증상 등이 나타난다. 중지는 소화기 계통의 건강이상을 나타내는 손가락인데 중지 손톱 밑은 목 주변의 갑상선 건강과 밀접한 관계가 있다.

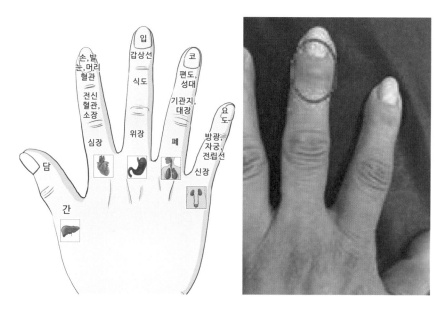

위의 사진처럼 중지 손톱 밑에 딱딱한 혹 같은 것이 생긴 것은 갑상선에 혹과 같은 결절이 생기고 있다는 시그널이다. 또한, 이 부위에 붉은 홍반이나 점이 생기기 시작하면 갑상선 기능에 이상이 생겼다는 시그널이며 이 때 갑상선 항진증이나 갑상선저하증 같은 기능장애를 확인할 수 있다.

필자가 모 대기업의 본부장님과 미팅을 했을 때가 생각난다. 당시 건강이상시그널 관련 미팅 중이었는데 그때 본부장님의 중지 밑부분이 딱딱하게 부어 있었던 걸로 기억난다. 그래서 양해를 얻어 그 부위를 만져보았더니 딱딱했다. "혹시 병원에 한 번 가보셨나요? 갑상선에 결절혹이 생긴 것 같네요"라고 말씀 드렸더니 본부장님이 멋적게 웃으시면서 이렇게 말씀했다. "안 그래도 갑상선에 혹이 생겨서 병원 치료를 받고 있던 중입니다." 그분은 너무 신기해하면서 다른 건강이상시그널 관련해서 조목조목 질문을 했던 것으로 기억난다. 물론 그 미팅 이후로 그 회사의 강사님들 대상 특강을 했던 기억이 새록새록하다.

갑상선 관련 시그널은 정말 신기하다. 이 부위의 건강이상시그널만 잘 체크할 수 있다면 건강관련 업종에 근무하시는 분들은 상담꺼리로 좋은 이슈가 될 것이라고 생각한다.

갑상선 상응 부위에 '점' 이나 '붉은 홍반' 이 생기면 갑상선 기능 장애가 나타난 시그 널이다. 이럴 땐 갑상선기능항진증인지 갑상선기능저하증인지 섣불리 판단하지 말 고, 상대방에게 '갑상선 기능에 이상이 있다' 고 먼저 말씀 드린 후 항진증인지 저하 증인지 물어보면 된다.

갑상선항진증에는 미역과 다시마와 같은 요오드가 풍부한 음식은 섭취를 자제하는 것이 좋다. 요오드는 갑상선 기능을 도와주는 중요한 영양물질이다. 갑상선 항진증 은 갑상선 호르몬이 너무 과하게 분비되는 질환으로 갑상선 기능이 폭발적으로 항 진되어 있는 상태인데 이때 증상은 불안하고 초조하며 식욕은 증가하나 체중이 빠 지기 시작한다. 또한, 맥박이 불규칙하며 손이 떨리고 대변 횟수가 증가한다.

이럴 땐 면역력을 증가시키는 음식을 섭취하고, 안정과 휴식을 취하는 것이 좋다. 충 분한 수면과 함께 혈행을 촉진하는 오메가-3 계열의 불포화지방산과 몸의 근육 소 실을 막아주는 양질의 단백질과 영양소를 섭취해야 한다.

반면, 갑상선저하증에는 미역과 다시마와 같은 요오드가 풍부한 음식을 자주 섭취 해야 한다. 또한, 갑상선 호르몬의 분비가 감소되어 신진대사가 원활하지 못하므로 피곤하고 장의 운동도 떨어져 변비가 잘 생긴다. 이럴 땐 홍삼이나 옥타코사놀 등 신 체에 활력을 주는 영양소를 자주 섭취하고, 신진대사를 정상화하는 데 도움을 주는 비타민과 미네랄, 효소가 풍부한 음식을 자주 섭취하는 것이 도움이 된다.

갑상선 호르몬이 부족하면 변비가 심해진다. 서울아산병원 소화기내과 명승제 교수는 "갑상선 기능이 떨어지면 장 기능도 떨어져 변비가 잘 생긴다"고 말했다. 대변을 보는 횟수가 줄기 시작하는데, 장 점막에는 갑상선 호르몬에 반응하는 수용체가 있는데 갑상선 호르몬이 줄어들어 장 점막이 반응을 안 해 장의 기능이 떨어지면서 변비가 생기기 쉽다는 것이다. 건강한 장을 위해서라도 미역과 다시마와 같은 해조류를 자주 섭취하고, 식이섬유와 효소가 풍부한 음식을 자주 섭취하는 것이 좋다.

뿐만 아니라, 밤중에 조명(빛)을 많이 쐬면 갑상선암 위험이 증가한다. 미국〈캔서(cancer)〉지에 2021년 미국인 50~71세 약 46만 명을 대상으로 평균 13년간 추적 조사한 결과, 야간 조명에 많이 노출된 사람은 그렇지 않은 사람보다 갑상선암 발생률이 55%나 높았다는 연구 결과도 있다. 갑상선 건강을 위해서라도 밤에는 10시 전후로 일찍 취침하는 것이 좋으며 형광등과 네온사인 같은 조명에 너무 많이 노출되지 않도록 노력하는 것이 좋겠다.

- 눈꺼풀이 오랫동안 계속 떨린다면…

■ 개요

우리는 피곤하거나 무리하고 나면 눈꺼풀이 떨리는 증상을 경험하곤 한다. 신경 쓸 일이 많거나 스트레스를 많이 받은 뒤에도 눈꺼풀이 떨리는 경우가 더러 있다.

눈꺼풀이 떨리는 증상은 신경과 근육계를 구성하는 미네랄인 칼슘이나 마그네슘과 같은 영양소의 부족으로 생기기도 하고, 눈가의 혈관 수축으로 인해 나타나기도 한다.

■ 건강이상시그널

40~50대 중장년층에서 눈꺼풀이나 눈 주변 근육이 한 달 이상 계속 떨리거나 떨리는 부위가 점점 커진다면 뇌혈관 질환이나 안면경련을 의심해봐야 한다.

일시적인 눈꺼풀 떨림 증상은 신경계와 근육계를 구성하는 영양소인 칼슘과 마그네슘 부족이 원인인 경우가 많다. 또한, 눈가 떨림 증상이 3주일 이상 지속되면 갑상선질환을 의심해볼 수 있다. 갑상선 기능에 문제가 생기면 눈가가 떨리는 증상이 생기기도 한다.

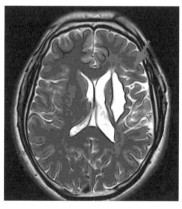

초기의 눈가 떨림 증상이 나타나면 칼슘과 마그네슘 제재를 섭취하면 도움이 된다. 하지만, 눈가 떨림 증상이 계속 된다면 갑상선 기능 검사와 뇌혈관 이상 검사를 같이 해보면 좋다. 자칫 방치하면 안면마비나 신경계 이상 증상을 초래할 수도 있기 때문에 검사를 한 번 받아봐도 좋다. 그렇지 않다면 갑상선 기능을 안정화시켜주는 영양소인 요오드가 풍부한 음식이나 숙면과 안정에 도움이 되는 칼슘과 비타민 함유 음식을 같이 섭취해도 도움이 된다.

만약, 뇌혈관계 이상이 우려된다면 혈관 건강에 도움을 주는 오메가-3 계열의 불포화지방이 풍부한 등푸른 생선과 견과류, 참기름, 들기름, 장어, 오메가-3 제재 등을 같이 섭취하고, 항산화 기능이 우수한 키위, 레몬, 비타민C 함유 음식, 과일, 효소 등을 꾸준히 섭취하는 것도 좋다. 눈가 떨림 증상이 잘 낫지 않는다면 반드시 병원에 가서 정확한 검사를 받아보아야 한다.

이렇게 생각합니다!

눈가 떨림 증상이 자주 나타나는 사람은 뇌혈관계에 이상이 있다는 시그널을 계속 보내고 있는 것이다. 한두 번 이런 증상이 있다가 없어지면 신경계와 근육계를 구성하는 칼슘과 마그네슘 같은 미량영양소의 부족이라고 볼 수 있지만, 눈가 떨림 증상이 자주 반복적으로 발생하는 것은 갑상선 기능 이상이나 뇌혈관 이상이 원인일 수 있다.

우리 몸의 호르몬계와 혈관계는 서로 밀접한 의존 관계가 있다. 이들이 항상 건강한 상태를 유지하려면 스트레스와 충격, 분노, 압박 같은 나쁜 자극을 자주 접해선 안 된다. 만약, 이런 자극이 자주 발생하면 그날그날 꼭 풀고 잠자리에 드는 것이 중요하다. 스트레스와 분노 감정은 호르몬계와 혈관계에 아주 나쁜 영향을 준다. 우리가 스트레스를 전혀 안 받고 살 수는 없지만, 받은 스트레스는 무엇보다 잘 푸는 것이 중요하다.

- 갑상선 결절은 중지 손톱 밑을 보면 알 수 있다

■ 개요

갑상선에 결절이 생기면 암인지 아닌지는 정밀 검사를 받아봐야 만 알 수 있다. 우선 갑상선에 혹이나 결절이 어떤 시그널로 나타나는지 확인하는 것이 더 중요하다.

갑상선에 생기는 암은 대부분은 90%가량이 유두 모양의 '유두암' 이며 예후가 좋고, 천천히 자라는 '거북이 암' 으로도 불린다.

■ 건강이상시그널

갑상선 결절혹은 중지 손톱 밑 갑상선 상응 부위가 딱딱한 혹처럼 부풀어 오르는 시그널을 나타낸다. 갑상선에 결절이 생기면 이 부위는 커지고 딱딱해지며 손으로 만져보면 딱딱한 뼈 같은 것이 느껴진다.

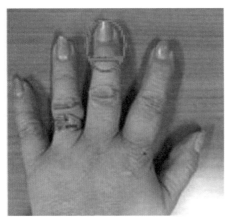
〈사진 1〉

〈그림 2〉

위 사진처럼 갑상선에 결절이 생기면 손톱 밑이 붓고 딱딱해지는 시그널이 나타나는데 이러한 시그널을 육안으로 먼저 살펴본 후, 손으로 만져서 확인 해보면 쉽게 알 수 있다.

갑상선 결절은 주로 불규칙한 생활 습관과 스트레스로 인한 면역력 저하, 잘못된 생활습관으로 인한 호르몬 이상 등이 원인으로 작용한다. 그 증상은 초조하고 불안하며 몸이 많이 피곤하다. 또한, 호흡 곤란 및 면역력 저하가 생기며 목이 쉬고, 음식물 삼키기가 곤란해진다. 이럴 땐 양성 종양인 경우엔 암이 아니므로 기능이 정상이고 그 크기가 크지 않으면 꼭 치료할 필요는 없다. 시간적 여유를 가지고 휴식과 안정을 취하면서 면역력 증진에 도움이 되는 식이요법을 병행하면 좋다.

그런데, 만약 악성 종양인 암이라면 수술로 암을 제거해야 하며 적절한 치료를 하면서 갑상선 호르몬 조절을 꾸준히 해주면 대부분 생명에 큰 지장 없이 살수 있다. 이때도 면역력 증진에 도움이 되는 식이요법을 꾸준히 하는 것이 도움이 되며 긍정적인 마음과 안정을 통해 마음의 근육을 단련시킬 수 있는 정신적인 건강관리에도 신경을 쓰는 것이 좋다.

이렇게 생각합니다!

갑상선 결절 환자 100명 중 약 5명만이 암일 정도로 악성 결절(악성 종양, 암)인 경우는 그렇게 많지 않다. 대부분 양성 결절(양성 종양, 혹) 환자가 많으며 악성 결절이라도 앞서 '거북이 암' 이라고도 했듯이 생명을 위협하는 병이 아니므로 암 제거 수술 후 면역력 관리와 호르몬 관리에 도움에 되는 식이요법을 병행해주면 도움이 된다. 갑상선 악성 결절은 호르몬 계통의 질병이므로 여성이라면 향후 여성호르몬과 연계된 유방암이나 자궁암에도 영향을 줄 수 있다. 따라서 호르몬 계통에 나쁜 영향을 주는 환경호르몬이나 방사선, 스트레스 등을 잘 관리해야 한다.

2. 여성편

- 왜 여성이 남성보다 갑상선 질환자가 많을까?

■ 개요

갑상선 질환은 미국에서는 남녀의 비율이 1:2 혹은 1:3으로 여성의 비율이 높으며 우리나라는 1:5 혹은 1:6으로 여자가 압도적으로 더 많다고 한다. 연령별로는 30~50대에 많이 생겨나고, 40~50대에 절정기를 보낸다고 한다.

'여성형 질환'으로도 알려진 갑상선 질환이 왜 여성에게 더 많을까? 그 이유는 갑상선 암과 같은 질환은 여성호르몬과 밀접한 관계가 있기 때문이다. 갑상선은 대표적인 호르몬계 장기이며 스트레스를 조절하는 역할을 수행한다.

여성의 갑상선에 질환이 자주 발병하는 이유는 호르몬계를 교란하는 합성 에스트로겐 식품식용유, 설탕, 발암물질 섭취의 증가의 섭취가 증가하고 있고, 국내 병원의 무분별한 방사선 CT, 엑스레이 촬영 등의 증가도 일부 영향을 주기 때문이다. 또한, 신체 내 외적인 스트레스가 여성 갱년기 전후로 증가할 때 갑상선에 결절이 잘 발생한다.

■ 건강이상시그널

여성의 갑상선 질환 역시 중지 손톱 밑부분에 딱딱한 혹 같은 것이 만져지거나 뾰루지나 붉은 홍반 등의 중상이 나타날 때 알 수 있다.

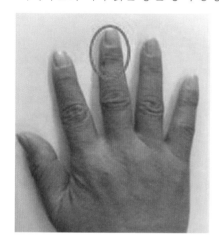

갑상선암은 에스트로겐과 밀접한 관계가 있으므로 여성암유방암, 자궁암의 발병률을 높일 수 있다.

호르몬계에 이상을 주는 환경호르몬이나 발암물질은 철저하게 관리하는 것이 중요하다.

알기 쉽게 알려드릴게요!

우리가 자주 먹는 육류 중 돼지고기, 소고기, 닭고기 등과 같은 사육된 육류는 항생제로 오염되어 있다. 농장에서 집단으로 사육된 가축은 좁고, 불결한 축사에서 운동부족과 스트레스 등으로 인해 전염병 위험에 노출되어 있으므로 이를 막기 위해 가축업자는 항생제를 남용하고 있다. 가축들은 항생제를 주식으로 복용하고 있으며 우리나라의 육류 항생제 내성률이 세계 최고의 수준이라고 한다.

또한, 어린 새끼들을 빨리 성장시키기 위해 성장촉진제 사용이 늘고 있으며 이로 인해 성장촉진제가 많이 함유된 육류를 자주 섭취하는 사람들에겐 그들의 호르몬계에 나쁜 영향을 미치기도 한다. 미국산 닭고기를 즐겨먹는 푸에르토리코에선 생후 7개월 된 아기의 젖가슴이 부풀고, 20개월 만에 음모가 생기는가 하면 3~6세에 월경이 시작하는 등 비정상적인 조숙 현상이 나타났다는 보도도 있었다.

이런 항생제와 성장호르몬이 많이 함유된 육류 섭취를 줄여야 하며 건강하고, 깨끗하게 사육된 육류로 대체해야 한다. 또한, 요즘 '식물성 고기' 라고 부르는 식물성 재료를 사용한 대체육을 먹는 사람들이 증가하고 있는데 건강하고, 단백질 함량도 떨어지지 않는 식물성 고기의 섭취를 권해드린다.

◗ 이렇게 생각합니다! ◖

갑상선암 같은 질병은 '모르는 게 약, 아는 게 병' 이다. 의학회 가이드 라인에 나와 있는 '갑상선암 가이드라인' 을 살펴보면 한국과 일본은 갑상선암 크기가 0.5cm 전후가 되면 수술보다는 경과를 지켜보는 것이 더 낫다고 한다. 미국에서는 1cm 이하일 때는 바늘로 건드리지 말고, 그저 경과를 지켜보라고 한다.

그 이유는 앞서 이야기 했듯이 갑상선 결절이 나타나면 5% 정도가 악성 결절이며 나머지는 양성일 확률이 높으니 크기가 작으면 경과를 지켜보는 것이 더 낫다는 것이다. 물론, 크기가 작아도 악성 결절인 경우도 있지만 대부분의 갑상선 결절은 양성일 확률이 높으므로 크기가 크지 않으면 휴식과 안정을 취하면서 경과를 지켜보는 것이 더 낫다는 것이다.

어떤 환자는 수술 날을 2달 남겨두고 휴식과 안정을 취하면서 면역력 증진에 도움이 되는 식이요법과 운동을 꾸준히 했더니 수술 당일 종양의 크기가 줄어들어 수술을 연기했다는 이야기도 있다. 무슨 일이든지 마음먹기 나름이다. 특히, 갑상선 결절은 스트레스와 밀접한 관계가 있으므로 마음을 편하게 하고, 긍정적인 생각과 명상 등으로 정신을 맑고 건강하게 유지하도록 노력하면 질병 예방과 치유에도 도움이 될 수 있다.

유형 8 여성은 왜 남성보다 아픈 곳이 많을까?
자궁 건강이상 전조증상

1. 여성편

- 입가 뾰루지와 트러블은 자궁이상시그널

■ 개요

여성은 남성보다 더 통증에 취약하다. 질병관리본부에서 60세 이상 여성의 만성통증 유병률을 조사했더니 87.7%나 되었다. 반면, 남성의 만성통증 유병률은 63.8%였다.

여성이 남성보다 통증에 더 민감한 이유는 뭘까? 그것은 여성호르몬 때문이었다. 여성호르몬이 통증에 더 민감하게 반응하는 주범인 것이다. 수컷 쥐에 에스트로겐을 주입했더니 통증에 더 민감해지는 반면, 암컷 쥐에 남성호르몬인 테스토스테론을 주입했더니 통증을 덜 느꼈다는 것이다.

이런 여성호르몬에 문제가 생기면 입가에 잦은 뾰루지와 트러블이 생기기 쉽다.

■ 건강이상시그널

여성은 남성보다 더 신경섬유를 많이 가지고 있기 때문에 통증에 더 민감하다. 여성호르몬의 영향을 직접 받는 자궁에 이상이 생기면 입가에 뾰루지와 트러블이 잘 생긴다.

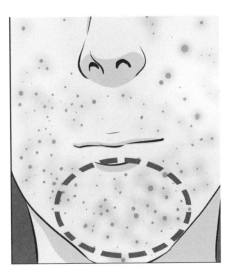

옆 그림처럼 입가 주변에 트러블이 자꾸 생기는 것은 자궁의 이상시그널을 나타내는 것이다.

여성의 입은 자궁과 위의 건강 상태와 상당히 밀접한 관련이 있다. 입 주변에 이상이 생기는 것은 자궁 건강에 이상이 있다는 시그널인 것이다.

입가 주변에 트러블이 자주 생기면 여성호르몬 관리에 더 신경을 써야 한다. 잦은 스트레스나 생리불순, 갱년기, 과로 등으로 인해 호르몬 분비에 문제가 생기지 않도록 주의해야 한다.

호르몬의 분비가 불규칙하면 호르몬 분비를 도와주는 여성호르몬 함유식품을 병행해도 좋다. 만일, 호르몬 주사를 맞게 된다면 유방 통증이나 심계항진 등의 증상이 나타날 수 있으므로 조심해야 한다.

여성호르몬은 여성 생식기인 유방과 자궁의 건강에 아주 중요한 영향을 미치기도 하지만, 생식기 외의 기관인 뼈, 피부, 비뇨기, 심혈관계에도 영향을 미치기 때문에 호르몬의 밸런스를 잘 유지하는 것이 중요하다.

◑ 이렇게 생각합니다! ◐

여성의 입은 자궁의 건강과 밀접한 관계가 있다고 했다. 혹시, 거울을 쳐다 봤을 때 자신의 입이 비뚤어져 있다면 자궁 건강에 이상이 있다는 시그널이기도 하다.

비뚤어진 입술은 내장기관의 근본 형틀이 틀어져 있다는 시그널이기도 하다. 우리가 가끔 상대방에 대해 빈정거리거나 짜증을 낼 때 입술을 한쪽으로 삐죽거리기도 하는 데 실제 입술이 한쪽으로 틀어져 있다면 자궁의 형틀이 틀어져 자궁이 허약해져 있다는 것이기도 하다.

그러므로 바른 마음과 긍정적인 생각을 하는 것이 입술의 모양에도 긍정적인 영향을 준다. 나쁜 생각이 자궁의 건강에도 나쁜 영향을 줄 수 있다.

- 갱년기 증상이 나타나는 귀의 건강이상시그널

■ 개요

여성 갱년기는 보통 폐경 전 5년~폐경 후 5년까지 약 10년의 기간을 말한다. 사람마다 조금씩 차이는 있지만 주로 45~55세 까지를 말하기도 하며 이 기간 동안 갱년기증후군을 심하게 겪는 여성이 있는 반면, 어떤 여성은 전혀 갱년기 증상을 모르고 지나는 경우도 있다.

갱년기의 주된 증상은 안면홍조다. 이와 함께 심계항진이나 불면증, 화병, 빈뇨와 요실금 등 다양한 증상이 나타나기도 한다.

갱년기 증상의 주된 원인은 여성호르몬의 감소와 불균형으로 인한 자궁의 위축과 심혈관계 이상이다.

■ 건강이상시그널

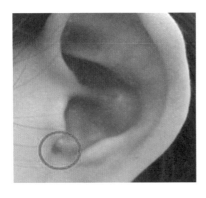

갱년기 증상이 발생하면 귀의 가장 아랫부위인 이갑강 하단부에 붉은 홍반이나 반점같은 시그널이 나타난다.

왼쪽 사진처럼 이갑강 하단 부위에 붉은 홍반이나 반점 등이 생기면 갱년기 증상이 나타났다는 것을 알 수 있다. 이 상응 부위는 내분비 호르몬계에 이상이 생기면 시그널이 자주 나타나며 사진처럼 붉은 홍반이 있는 부위 밑이 둑이 터진 것처럼 무너져 있으면 호르몬의 유출이 심해 호르몬의 불균형이 심하게 일어나고 있다는 것이기도 하다.

알기 쉽게 알려드릴게요!

갱년기 증상이 심하게 나타나면 얼굴에 자주 열이 나고, 심장이 두근거리며, 혈행 장애와 배뇨 장애 등 다양한 갱년기 증상이 나타난다. 특히, 갱년기 여성 중 가장 많이 겪는 증상은 '질건조증'으로 질이 건조해지면 그 주위에 상처나 염증이 생기기 쉽다. 부부관계 시 불편함을 겪기도 하며 향후 자궁 건강에도 좋지 않은 영향을 준다.

갱년기가 되면 대개 가정에서 자신의 역할에 대한 회의가 생기는 등 정신적 갈등이 생기기 쉬우므로 건전한 취미 생활이나 운동 등 즐겁게 집중할 수 있는 일을 가지는 등 건전한 스트레스 해소책을 찾고, 긍정적인 생활 태도를 가지는 것이 좋다.

또한, 안면홍조가 잦을 때는 온도 조절이 잘 되는 여러 겹의 옷을 입고 필요에 따라 벗고 입고 하여 재빨리 체온을 조절하며, 냉온 목욕으로 혈액 순환이 잘 되도록 하는 것이 좋다. 일반적으로 지방이나 당질의 섭취를 줄이고, 콩이나 두부, 생선, 맥주효모 등 양질 단백질을 충분히 섭취하는 것이 바람직하다.

콩에는 여성호르몬과 유사한 기능을 하는 이소플라본이 다량 함유되어 있어 갱년기 증상의 완화에 도움이 된다. 갱년기에는 다량의 비타민E 섭취가 권장되므로 압착유나 씨앗류, 견과류, 소맥배아유 등을 충분히 섭취하면 증상 개선에 도움이 된다.

스위스 취리히대학 필리페 토블러 교수 연구진이 여성의 뇌를 연구한 결과 여성은 다른 사람을 위해 행동할 때 뇌에서 더 큰 보상을 받으며, 여성이 이타적 행동을 할 때 뇌의 보상 중추에서 도파민이 증가했다는 것이다. 이 같은 결과는 여성의 모성애 와도 관계가 있다.

여성이 남성보다 더 오래 사는 이유는 뭘까? 바로 여성호르몬 때문이다. 여성호르몬 은 인체의 면역 기능을 강화시켜 감염병 예방을 도우며 세포의 산화작용을 차단하 여 건강을 유지하는 데 도움을 준다. 여성호르몬은 여성의 몸을 더 부드럽고, 유연하 게 해주며 생각이나 판단 역시 유연하고, 융통성이 있게 해준다. 남성은 나이가 들수 록 더 고지식해지고, 고집이 세어지는 반면, 여성은 나이가 들어도 그런 경향이 적게 나타난다.

- 자궁제거 수술을 하면 새끼손가락에 흔적이 남는다

■ 개요

자궁은 주로 섬유근층으로 구성된 생식기관으로 배아가 착상하며 태반 이 부착되고 태아가 성장하는 중요한 기관이다. 자궁의 모양은 서양 배를 거꾸로 엎어놓은 모양이며 자궁 속막은 생리주기에 따라 증식과 탈락을 반 복한다. 자궁의 길이는 약 2~3.5cm 이며 너비는 0.5~1cm 정도이다. 사춘기에 접어들면서 자궁 몸이 급속히 성장하게 되어 특징적인 서양 배 모양을 갖추게 되며 개인에 따라 차이가 있지만 약 6~8cm 크기에 이르게 된다. 폐경이 되면 자궁은 다시 작아지고, 내막도 위축되기 시작한다.

■ 건강이상시그널

자궁의 건강 상태는 새끼손가락을 통해서 알 수 있다. 새끼손가락은 비뇨생식기의 건강 상태를 알 수 있는 상응 부위로서 자궁의 건강상태는 새끼손가락 둘째 마디 부의의 이상 유무를 통해 알 수 있다. 자궁제거수술을 하면 이 상응 부위는 자궁을 도려낸 것처럼 움푹 파져 좁고 가늘어져 보인다.

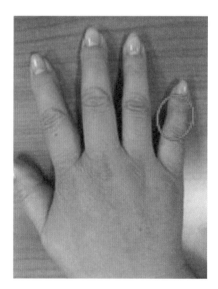

자궁의 상응 부위는 새끼손가락의 둘째 부위인데 이 부위가 좁고 가늘어져 있다면 이것은 자궁의 건강 상태가 좋지 않다는 시그널이다. 만약 옆의 사진처럼 자궁제거 수술을 한 여성이라면 이 상응 부위가 좁고 가늘어져 있다. 자궁이 제거된 부위만큼 움푹 패인 것이다.

자궁이 위축되고 기능이 약화되면 자궁의 상응 부위인 새끼손가락의 둘째 부위가 위축되고 가늘어진다. 따라서 이런 시그널이 나타나면 자궁 건강에 도움이 되는 비타민E의 섭취를 늘려야 한다. 비타민E는 씨앗류나 견과류, 콩, 소맥배아유 등에 많이 함유되어 있으며 비타민A(베타카로틴)와 B군, 아연은 자궁 건강에 도움을 준다. 녹황색 채소나 통곡식, 생선, 맥주효모, 굴, 두류 등을 자주 섭취하면 좋다.

자궁 건강과 호르몬의 정상화를 위해서는 셀레늄이 많이 함유된 효모, 육류, 통곡식, 해산물, 견과류, 유제품 등의 섭취를 병행하면 좋다.

◗ 이렇게 생각합니다! ◖

경희대 치과병원 교정과 김수정 교수는 "폐경이 오면 여성호르몬 분비가 감소하는데 이는 상기도 근육에 영향을 끼쳐 기도를 좁게 만들 수 있고, 체지방 증가 유발로 목에 살이 찌면서 기관지 속 공간이 좁아져 코골이와 수면무호흡증이 생기거나 심해질 수도 있다" 고 한다. 여성호르몬 불균형이 코골이와 수면에도 영향을 준다는 재미 있는 이야기다.

아울러 여성호르몬이 부족해지면 허리는 두꺼워지고, 복부 지방이 증가하여 몸매에도 변화가 생긴다. 폐경기가 되면 아가씨 몸매는 사라지고, 드디어 허리 살과 뱃살이 늘어나는 아줌마 몸매가 되기 쉽다는 것이다.

- 자궁 물혹을 알려주는 건강이상시그널

■ 개요

여성의 자궁은 생리, 임신, 출산 등으로 인해 잦은 자극과 변화를 겪는다. 대부분의 여성은 자궁에 크고 작은 물혹이 있는 경우가 많다. 이 물혹은 말 그대로 조그만 혹으로 '양성 혹' 같은 것이라서 건강에 크게 문제가 되지는 않는다. 하지만, 간혹 이런 물혹이 악성 종양일 수도 있는 데 이럴 때는 조직검사와 함께 관심을 가지고 치료해야 한다.

■ 건강이상시그널

자궁에 물혹이 생기면 새끼손가락의 둘째 부위가 붓거나 그 주변에 각질이 생기는 시그널이 나타난다. 자궁에 물혹이 생기면 다음 사진처럼 새끼손가락 둘째 부위가 붓기 시작하며 통통해진다. 이 상응 부위가 붓기 시작하면 자궁과 인접해 있는 방광 건강에도 좋지 않은 영향을 주게 되어 방광염이 같이 나타나기도 한다.

그리고, 자궁에 물혹이 생기면 둘째 마디 부위 주변으로 자주 간지럽거나 각질이 생기기도 한다. 아래 사진에서 볼 수 있듯이 자궁 부위가 부어서 주름이 져 있거나 둘째 부위가 통통해져 부어 있는 것처럼 보이는 것은 자궁에 물혹과 같은 이상시그널이 나타나고 있기 때문이다. 또한, 이런 증상은 자궁과 인접해 있는 방광 기능 저하와도 밀접한 관계가 있으므로 방광 이상 유무를 꼭 같이 확인해봐야 한다.

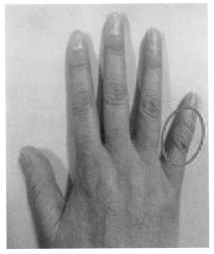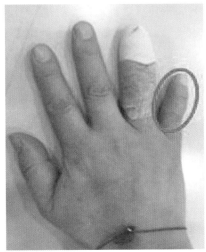

자궁에 물혹이 생기면 먼저, 조직검사를 받아보는 게 좋다. 양성인지 악성인지 확인해야 한다. 만약, 양성이면 자궁 건강에 도움이 되는 비타민과 미네랄, 항산화 영양소 등을 병행해서 섭취하면 좋다.

하지만, 양성이 아니라 악성 종양(암)이면 종양제거 수술을 해야 한다. 이때는 자궁의 호르몬 대사에 영향을 주는 여성호르몬 대체식품 섭취는 자제해야 한다. 종양이 더 커질 수 있기 때문이다.

물혹의 크기가 1cm 이하라면 좀 더 경과를 지켜보는 것도 좋다. 대부분 크기가 작은 물혹은 양성 종양(혹)일 확률이 높은 편이라서 경과를 지켜보는 것이 나쁘지 않다.

움푹 들어간 눈을 하고 있다면 몸이 냉한 체질로 여성의 경우 불임이나 자연유산같은 질병을 조심해야 한다. 몸이 차고 냉하면 자궁의 건강에 좋지 않은 영향을 준다. 여성은 아랫배가 따뜻하도록 자주 마사지를 해주고, 혈액 순환을 도와주는 오메가-3 계열의 불포화지방이 풍부한 견과류와 등 푸른 생선, 씨앗류 등을 자주 섭취해주면 좋다.

그리고 유산소 운동을 자주하고, 심장에 자극이 될 수 있는 숨 차는 운동을 자주 해주는 것이 몸과 자궁의 혈행 개선에 도움이 된다.

- 귀로 보는 자궁 질환 관련 건강이상시그널

■ 개요

자궁의 건강 상태는 손가락뿐만 아니라 귀로도 잘 나타난다. 생리불순이나 생리통, 자궁 질환 등 다양한 증상이 귀를 통해 나타난다.

■ 건강이상시그널

자궁의 건강 상태는 그 상응 부위인 귀의 삼각와 부위로 잘 나타난다. 자궁에 이상이 생기면 이 상응 부위에 뾰루지나 탈설귀지, 검버섯, 홍반 등의 시그널이 나타난다.

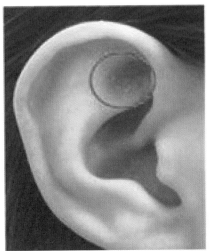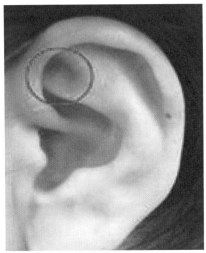

위 사진에서 귀의 움푹 파진 '삼각와' 의 중간 부위가 자궁의 상응부위
인데 자궁에 이상이 있으면 이 부위에 뾰루지나 귀지 등과 같은 시그널이
나타난다.

귀의 상응 부위에 위와 같은 이상시그널이 나타나면 자궁 건강에 유의해야 한다. 자궁에 물혹이나 악성 종양이 잘 생기는 사람은 육류 섭취를 자제하고, 비만이 되지 않도록 체중 관리에 유의해야 한다.

몸이 뚱뚱해지면 지방세포가 증가하는데 암세포가 가장 좋아하는 먹이가 바로 지방세포다. 지방량이 증가하게 되면 암에 걸릴 확률도 증가하게 된다. 비만한 사람은 자궁암, 전립선암, 대장암, 간암, 유방암 등의 질병 유병율이 더 높다. 자궁 건강을 위해선 비만이 되지 않도록 체형 관리에 유의하고, 지방과 열량이 높은 음식은 자제해야 한다. 주 3회 이상 유산소운동과 근력운동을 강화하고, 긍정적인 생각으로 스트레스를 줄이는 것이 좋다. 자궁이 약하거나 생리통이 심한 여성은 적절한 양의 마그네슘과, 비타민D의 섭취를 늘리는 것이 좋다. 또한, 생리통을 완화하기 위해선 완전단백질과 비타민B군, 비타민C가 풍부한 생야채와 제철과일, 해조류, 효모, 통곡식, 소 간 등을 섭취하면 좋다.

◑ 이렇게 생각합니다! ◑

중년이 되면 특이한 공통점이 나타난다. 몸이 뻣뻣해지고, 몸을 굽힐 때 자신도 모르게 신음소리를 낸다. 옷이나 신발은 멋보다는 편안함을 선택하고, 시끄러운 곳을 싫어하게 된다. 또한, 뱃살이 늘어나고, 마음은 옹졸해진다. 화분이나 정원에 재미를 느끼기도 한다. 세월을 거스르지 못할 바에는 세월을 받아들이는 훈련을 해야 한다. 나이가 들면 불타던 청춘 때와는 몸이 다른 사람이 된다. 몸의 변화를 받아들이고, 자신의 몸을 아낄 줄 알아야 한다.

한국 중년 여성 2명 중 한 명이 배뇨장애로 고생한다
요실금 건강이상 전조증상

1. 여성편

- 여성 50세 이후 50%가 요실금 환자, 요실금 이상시그널

■ 개요

50세 이후 여성의 50%는 요실금 같은 배뇨장애 증상이 나타나기도 한다. 사람에 따라 경중은 있을지라도 50세가 지나면 많은 여성이 배뇨 관련 불편한 증상이 있다. 요즘 노인용 기저귀 판매량이 증가하는 것도 같은 맥락으로 볼 수 있다.

50세를 전후로 여성은 폐경을 겪는데 이 시기를 전후로 여성호르몬인 에스트로겐 분비가 감소하면서 질과 요도가 얇아지고 건조해지며 탄력성이 떨어진다. 요도가 얇아지면 요도 주변 근육의 조절력이 떨어지게 되며 이로 인해 요도괄약근이 약해지는 것이다.

여성 요실금은 기침, 재채기, 줄넘기 등 순간적인 복압 상승 시 본인의 의

지와는 별개로 소변이 배출되는 현상이다. 아울러 요도괄약근이 늘어져 발생하는 '절박성요실금'과 별다른 증상없이 소변이 배출되는 '진성요실금' 등 그 증상은 다양하다.

■ 건강이상시그널

요실금 증상이 있으면 새끼손가락 손톱 부위에 건강이상시그널이 나타난다. 그 시그널은 손톱 끝 부위가 안쪽으로 휘어지거나 손톱 밑부분이 붓는 증상이 나타난다. 요도괄약근이 약해져 힘이 없어지면 새끼손가락 손톱 끝 부위가 안쪽으로 휘거나 가늘어지게 된다. 또한, 요도괄약근 주변에 염증이나 트러블이 자꾸 생기면 새끼손가락 손톱 밑부분이 붓고 딱딱해진다.

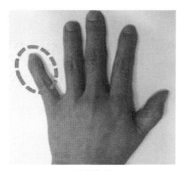

〈사진 1〉

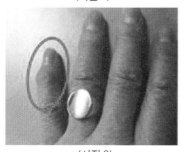

〈사진 2〉

왼쪽의 〈사진 1〉은 요도괄약근이 약해져 배뇨 장애를 겪고 있는 요실금 환자의 손이며, 〈사진 2〉는 요도괄약근 주변에 염증과 트러블이 나타나는 요실금 환자의 손이다.

두 사례 모두 요실금 시그널이 나타난다. 새끼손가락은 비뇨생식기와 밀접한 관련을 가진 손가락인데, 소지의 가장 하단부는 신장 상응 부위이고 중간 부위는 방광과 자궁에 해당되며 가장 끝 손톱이 있는 부위는 요도와 관계가 깊다. 새끼손가락의 끝부분이 휘거나 손톱 밑부분이 붓는 증상은 동시에 발생하기도 하고, 증상에 따라 한 가지만 나타나기도 한다.

알기 쉽게 알려드릴게요!

요실금 증상이 나타나면 초기에 관심을 가지고 관리 하는 편이 좋다. 증상이 심해지면 관리가 힘들고, 수술을 해도 예전 같은 상태를 회복하기가 쉽지 않다.

여성이 폐경이 되면 폐경 전보다 에스트로겐의 양이 거의 1/10 수준으로 떨어져 남성보다 여성호르몬 수치가 떨어지기도 한다. 보통 폐경 전 여성은 40~200 pg/ml 정도 되지만, 폐경 후에는 5~20 pg/ml로 급격하게 감소한다. 남성은 이 시기에 남성호르몬이 감소하고, 여성호르몬은 25~45 pg/ml로 그대로 남아 있어 남성은 여성화 현상이 나타나기 시작한다.

요실금은 노화와 여성호르몬 감소, 스트레스 증가, 체력 저하, 자율신경계 이상, 잦은 출산 등의 원인으로 갱년기시기에 심해지는데 전체 요실금의 80% 가량이 기침 등 복압이 상승할 때 발생하는 '복압성요실금' 이다.

요실금 예방 운동 중 가장 대표적인 운동은 '케겔 운동' 이다. 소변을 끊을 때 사용하는 요도 괄약근에 힘을 주고 10초간 유지한 후 힘을 빼고 20초가량 쉰다. 그 다음엔 요도 괄약근을 3회 빠르게 수축과 이완하고, 다시 20초가량 쉰다. 이 과정을 매일 아침과 저녁으로 10회씩 꾸준히 반복해주면 좋다.

또한, 여성호르몬 대체식품을 꾸준히 섭취해주면 질과 요도가 건조해지고, 얇아지는 것을 예방하는 데 도움이 된다.

요실금 예방 운동은 주 2회 이상 '골반 운동' 을 병행하여 진행하면 더욱 더 도움이 된다. 골반 운동은 누워서 복부와 골반 앞쪽 근육을 단련하는 운동과, 복근과 골반 저근을 강화하는 운동을 병행하면 좋다.

복부와 골반 앞쪽 근육 단련은 두 발을 모으고 무릎을 세운 채 누워서 양발을 들어올린 뒤 2~3초 간 무릎을 벌렸다 다시 모으는 자세를 4회 반복 후 발을 바닥에 내리고, 총 2~3세트를 실시하면 된다. 복근과 골반 저근 강화 운동은 양발을 벌리고 무릎을 세운 채 누워서 배꼽을 본다는 느낌으로 상체를 들어올려 2~3초간 정지했다 내리는 자세를 6~10씩 실시하면 된다.

또한, 대퇴근과 골반 연결근 강화를 위한 운동은 옆으로 누워 한손으로 머리를 받치고, 다른 손으로 몸통 앞쪽을 짚는다. 천장 쪽 다리를 들어올린 뒤 발끝을 무릎 쪽으로 당기며 쭉 다리를 편 후 무릎을 굽히고 허벅지를 가슴 쪽으로 최대한 당긴 채 2~3초간 정지했다 원위치하는 자세를 6~10회 반복 후 반대쪽으로 다시 진행하면 된다. 총 2~3세트 진행하면 좋다.

- 과민성장증후군이 요실금에 미치는 영향

■ 개요

요실금과 같은 배뇨장애가 있는 여성은 '과민성장증후군' 과 같은 배변 장애를 조심해야 한다. 필자가 2021년 초 발표한 연구 논문 〈건강이상시그널이 과민성장증후군과 배뇨장애에 미치는 영향)에서 과민성장증후군이 있는 여성은 요실금에 걸린 확률이 그렇지 않은 여성보다 더 높았다.

배변 기능을 하는 대장과 항문은 소변 기능을 하는 요도보다 상대적으로 더 큰 장기이며 인접해 있다. 우리가 화장실에서 대변을 볼 때 가끔 소변이 같이 나오는 것을 경험하는데 이것은 요도보다 큰 근육조직인 항문괄약근을 사용할 때 주변의 요도괄약근에도 자극이 전해지기 때문이다. 고로 이런 항문괄약근과 대장이 예민하면 주변의 요도괄약근을 자주 자극하여 요도괄약근이 같이 예민해질 우려가 증가하기 때문이다.

■ 건강이상시그널

요실금과 같은 배뇨 장애가 있는 여성은 과민성장증후군과 같은 배변 장애가 동시에 나타나는 사례가 많았다.

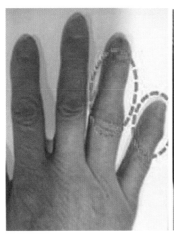 

왼쪽 사진처럼 약지의 둘째 부위인 신경 쇠약 구가 좁고 가늘어져 과민성 장 중

후군으로 고생하는 여성은 새끼손가락 끝부분이 휘거나, 손톱 밑부분이 붓고 딱딱해지는 요실금 증상이 같이 나타나는 사례가 많았다.

알기 쉽게 알려드릴게요!

과민성장증후군과 배뇨 장애 간에 상관 관계가 있다는 것은 대장과 소장, 항문과 요도가 서로 밀접한 관계를 맺고 있다는 말이기도 하다. 즉, 장이 건강하면 항문과 요도가 모두 건강할 수 있다는 말이기도 하다. 따라서, 건강한 장을 유지하고 관리하는 것이 항문과 요도괄약근의 건강에도 긍정적인 영향을 줄 수 있다.

요실금 예방을 위해서 장을 건강하게 관리하는 것도 요도 건강에 큰 도움이 된다. 장 건강은 유익균이 풍부한 김치나 발효음식을 자주 섭취하면 좋고, 아울러 녹황색 생야채와 뿌리 째 먹는 채소 등 섬유소가 풍부한 음식을 같이 섭취하면 장 건강에 아주 좋다.

요즘 바쁜 현대인을 위해 뜨고 있는 건강식품 중 하나가 '바이오틱스 유산균' 관련 식품이다. 현대인은 잦은 스트레스와 바쁜 일상 때문에 그만큼 장이 지쳐 있다. 이로 인해, 과민성장증후군과 같은 장 관련 증상의 불편함을 호소하는 사람이 증가하고 있다. 이런 추세에 맞춰 요즘 바이오틱스 유산균 시장이 성장하고 있다.

- 신장 이상을 알리는 새끼손가락의 건강이상시그널

▪ 개요

신장은 비뇨기계에서 아주 중요한 장기로 혈액의 노폐물을 제거하고, 체내 수분 농도의 조절을 도우며 혈압 조절 및 혈액의 산도ph를 일정하게 유지하는데 매우 중요한 역할을 한다.

우리 몸의 수분대사는 주로 비뇨기계를 통해 진행되는데 신장에서 여과된 혈액은 재흡수되지만 여과 후 발생한 노폐물은 요관을 통해 방광에 저장되어 있다가 편리할 때 소변으로 배출된다.

이런 비뇨기계의 핵심 장기인 신장에 건강이상시그널이 나타나는 곳은 새끼손가락이다.

■ 건강이상시그널

신장에 이상이 생기면 새끼손가락으로 건강이상시그널이 나타난다. 새끼손가락은 비뇨기계 건강을 나타내는 상응 부위로 새끼손가락의 모양이 지나치게 작거나 크기가 비정상적으로 뭉툭한 모양을 띤다면 신장 기능에 문제가 생겼다는 시그널이다. 또한, 신장에 해당되는 상응 부위는 새끼손가락 하단부로서 이 부위에 검은 점이나 검버섯이 나타나면 신장 기능에 이상이 있다는 시그널을 보내는 것이다.

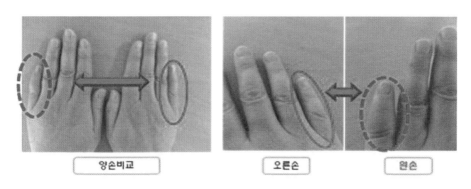

양손비교   오른손   왼손

위 사진처럼 오른손 새끼손가락은 길이와 모양이 정상이지만, 왼손 새끼손가락은 상대적으로 길이도 짧고, 뭉툭하게 부어있다. 위의 손을 가진 50대 여성은 태어날 때부터 왼쪽 신장이 왜소하고, 실제로 기형적인 형태를 띠고 있다고 했다. 필자도 이런 유사 사례를 여러 번 보면서 상담을 해보면 대부분 양쪽 새끼손가락의 길이나 모양에 차이가 나는 사람은 신장 기능에 이상이 있었다.

신장은 혈액을 여과하는 장기다. 혈액을 여과하기 위해선 수분이 풍부하게 있어야 한다. 우리가 물청소를 한다고 가정하면, 물을 충분히 뿌려야 청소하기 편한 것과 같다. 또한, 혈액 속에 기름기가 지나치게 많거나, 콜레스테롤과 찌꺼기가 많이 함유되어 있다면 그만큼 기름이 잔뜩 껴있는 청소가 쉽지 않을 것이다.

그래서, 신장을 건강하게 만들기 위해선 하루 5컵 이상의 깨끗한 물을 자주 마시는 것이 좋다. 만약, 체중의 1%라도 수분 손실이 지속되면 발암물질과의 접촉이 늘어 암 발생 위험이 증가하며 소변이 농축되어 콩팥에 결석이 생길 위험 또한 증가한다.

신장은 혈액을 여과하는 장기이므로 혈액 여과에 도움을 주는 효소가 풍부한 음식을 병행 섭취하면 좋다. 효소는 현대인에게 부족한 영양물질 중 하나로서 패스트푸드와 가공음식에는 효소가 거의 들어 있지 않다. 효소는 잘 숙성된 전통음식이나 발효음식 등에 많이 함유되어 있으며 통곡식이나 생야채를 자주 섭취하면 효소의 대사에 도움을 줄 수 있다.

신장이 나빠지면 단백질이 많이 함유된 음식은 자제해야 한다. 단백질은 몸에서 분해될 때 질소화합물을 배출하는데 이것은 신장에서만 처리된다. 신장 기능이 떨어진 사람이 단백질을 많이 먹으면 질소화합물 배출 부담이 커지기 때문에 단백질 섭취를 줄여야 하는 것이다.

하지만, 단백질 섭취를 장기간 제한하면 체내의 단백질로 구성된 뼈나 근육이 약화되기 쉽다. 신장병 환자가 영양 결핍이 있으면 동맥경화증이나 염증이 증가한다. 신장병 환자 사망원인 1~2위가 심혈관계 질환과 감염이므로 영양 결핍을 개선해야 한다.

또한, 단백질 섭취를 장기간 제한하면 낙상이나 골절 등의 위험이 증가하며 근 손실 또한 가속화될 수 있다. 가급적이면 단백질이 많이 함유된 음식은 자제하되, 단백질 섭취를 전혀 하지 않으면 건강에 심각한 악영향을 줄 수도 있으니 조금씩은 섭취해도 좋을 듯 하다.

침묵의 장기가 나를 엄습한다
간 건강이상 전조증상

1. 일반편

- 간 기능 저하를 알리는 일반적인 건강이상시그널

▪ 개요

간은 우리 몸에서 가장 크고 중요한 기능을 하는 장기다. 무려 500여 가지 일을 하며 무게는 두근 반에서 세근 반1.2~1.5kg 정도 된다. 간에는 통증을 느끼는 신경이 없지만, 자기재생과 회복 능력이 뛰어난 장기다. 간은 어지간히 괴롭히지 않고서는 질병이 잘 생기지 않는 장기다.

따라서 간에 병이 생겼다는 것은 오랫동안 간이 스스로 회복할 시간과 기회가 없었기 때문이다.

간은 '인체의 화학공장'이라고 불릴 정도로 각종 유해물질의 해독 작용을 주로하며 소화 작용 및 호르몬 대사, 알코올 대사, 면역 기능 등 약 3,000억 개의 간세포가 무려 500여 가지의 일을 하고 있다.

《동의보감》에서는 간을 두고 "화火와 관련이 많은 장기로 간 기능이 떨어지면 쉽게 짜증이 나고 화가 잘 난다"고 했다. 간은 눈과 연관이 많으며 간 기능이 떨어지면 눈이 침침해지고, 충혈이 잘되며 그 기능이 많이 나빠지면 황달같은 증세가 눈으로 나타난다.

또한, 간 기능이 떨어지면 쉽게 피곤해지고, 손톱이 잘 부서진다. 그리고 체중 감소 및 복부 통증, 복수 등이 차기도 한다.

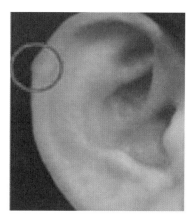

간 기능에 이상이 생기면 귀에는 시그널이 나타나기도 한다. 귓바퀴 옆 상단부가 사진처럼 돌출되기 시작한다.

이런 증상이 나타나면 간 기능 이상을 의심해봐야 한다.

간 기능이 떨어지면 복통이나 부종, 피부 가려움증, 소변색 진해짐, 대변색이 흰색으로 연해짐, 혈변, 만성피로, 메스꺼움 등의 증상이 나타나기도 한다.

이럴 때 제일 좋은 방법은 충분한 휴식과 안정을 취하는 것이다. 간은 통증을 느끼지는 못하지만, 스스로 재생하고 회복하는 탁월한 능력이 있다. 과음이나 과로, 과식, 폭음 등으로 간을 쉬지 않고 계속 괴롭히면 간은 스스로 병들고 무너지고 만다. 하지만 간이 스스로 회복할 시간과 안정을 갖게 되면 간은 서서히 좋아진다.

양질의 단백질과 효소와 같은 해독작용과 세포재생 작용을 도와주는 영양물질을 계속 공급해 주면 간의 재생을 더 빨리 도와줄 수 있다.

주변에서 간경화나 간암으로 고생하던 사람을 가끔 보는데, 이들은 물 좋고, 공기 좋은 시골로 내려가서 생활하며,가장 많이 찾았던 음식이 바로 고단백질 음식이었다. 버섯이나 살코기 등과 같은 양질의 단백질 식품은 간 조직을 재생하는 데 반드시 필요한 영양물질이다. 아울러 좋은 공기와 함께 안정을 취하면서 간이 스스로 쉬면서 회생할 기회와 여유를 갖는 것이다.

하지만, 현대인은 먹고 살기 바쁜 가운데 이런 호사스런(?) 생활을 누리기가 쉽지 않다. 만약, 직장에 열심히 다니면서 간에 이상이 생겼다면 어떻게 하든 간에게 휴식을 줘야 한다. 뭐든지, 간에는 과하면 안 된다. 음식이나 일이나 술이나 과하게 몸에 들어오면 간이 모든 일을 감당해야 한다. 그래서 간 기능에 이상이 생기면 절식과 소식, 절주와 금연으로 간을 쉬게 만들고, 충분히 수면을 취하는 것이 중요하다.

◑ 이렇게 생각합니다! ◐

피로물질 젖산이 계속 쌓이면 암세포를 키운다. 젖산은 일반적으로 급격한 운동을 할 때 근육세포에서 포도당이 분해되면서 분출된다. 이런 젖산은 근육 통증과 피로를 일으키며 암세포를 키우고, 암세포 전이를 촉진 하기도 한다.

그날에 쌓인 피로는 그날에 풀고 푹 자야 한다. 피로 물질이 쌓이게 방치하면 결국 피로물질이 몸속에 쌓여 암을 유발한다. 이런 피로물질을 개선하기 위해선 항산화 영양소를 자주 섭취해야 한다.

항산화 영양소는 비타민 C, E와 미량 미네랄, 녹차 속에 많이 함유된 폴리페놀, 육류나 콩류에 함유된 코엔자임Q10, 시금치나 브로콜리에 많이 함유된 알파리포산, 아보카도나 아스파라거스에 많이 함유된 글루타치온 등이 있다.

- 엄지손가락에 나타나는 점은 간 기능 저하를 알리는 건강이상시그널

■ 개요

간의 건강 유무를 나타내는 손가락은 엄지손가락이다. 간은 500여 가지의 많은 일을 하므로 그만큼 다른 장기보다 피로도가 높다.

이런 간에 이상이 생기면 점이나 뾰루지, 사마귀, 반점, 색소침착 등의 시그널이 엄지로 나타난다.

간의 건강 상태는 엄지손가락을 통해 주로 나타난다.

엄지의 하단부는 간의 건강 상태와 관련이 높으며 손톱 부위는 담쓸개의 건강 상태와 관련이 높다.

간에 이상이 생기면 주로 검은 점이 잘 나타난다. 간이 지속적인 자극과 스트레스를 받으면 검은 점이 잘 생기며 간혹 사마귀가 생기기도 한다. 엄지손가락에 생기는 사마귀는 간의 항체 형성과 연관이 있는데 간염보균자인 사람에게 가끔 사마귀가 나타나기도 한다.

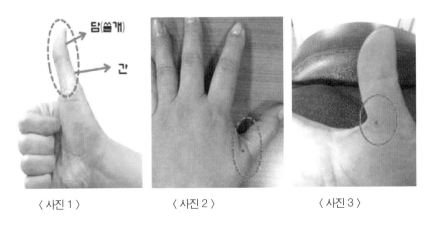

〈 사진 1 〉　　　〈 사진 2 〉　　　〈 사진 3 〉

위의 〈사진 1〉은 간의 상응부위를 나타낸 사진이고, 〈사진 2〉는 일반적으로 간 기능이 약하거나 간에 지속적인 자극과 스트레스를 많이 받는 사람에게 나타나는 대표적인 이상시그널인 '검은 점' 이다. 〈사진 3〉에는 엄지손가락 하단부 안쪽에 붉은 뽀루지가 나타났는데 이것은 간이 최근에 과로, 스트레스, 과음 등으로 인해 급성으로 나타난 시그널이다.

뾰루지 같은 시그널은 근래에 갑자기 간에 무리나 자극이 주어지면 일시적으로 잘 나타난다.

뾰루지는 간이 충분한 휴식과 안정을 취하면 사라지지만, 방치하고 계속 무리를 하면 점, 반점, 사마귀와 같은 형태로 커질 수 있다.

알기 쉽게 알려드릴게요!

엄지손가락 주변에 뾰루지, 점, 사마귀 같은 이상시그널이 나타나면 간이 충분히 쉴 수 있는 환경으로 바꿔줘야 한다. 간은 앞서 언급했듯이 통증을 못 느끼는 장기다. 간에 이상이 생겨도 우리 몸이 간의 이상을 감지하지 못한다는 것이다. 하지만, 간은 스스로 병을 고치고, 세포를 재생시키는 능력을 가지고 있다. 우리 몸에서 유일하게 재생이 가능한 장기가 간이다. 그러므로 간이 충분히 스스로 병을 치유하고, 회복할 수 있는 충분한 양질의 영양소와 휴식의 시간을 부여하면 간은 회복될 수 있다.

그런데, 간경화나 간암같이 간 기능이 상당부분 훼손되면 스스로 재생할 기회를 놓치게 된다. 간경화는 간의 세포조직이 딱딱해져 정상적인 활동을 할 수 없는 상태이므로 간의 회복이나 재생이 상당히 어렵다. 간암도 마찬가지로 치료가 힘든 병이다.

간의 이상시그널이 나타나면 간의 해독작용을 돕고, 면역력을 증진시켜주는 비타민 A, C, E와 B군이 많이 함유된 효모, 간, 생선류, 두류, 계란노른자, 통곡식, 소맥배아, 버섯, 제철채소와 과일을 자주 섭취하는 것이 좋다. 그리고 과식과 과음, 과로를 피하고, 소량씩 자주 식사를 하는 게 좋다.

간 기능이 떨어지면 만성피로가 생기며 어깨와 뒷목이 자주 뻣뻣하고, 두통과 식욕부진, 얼굴과 손, 발의 부종, 입마름 증상 등이 나타난다. 이를 잘 숙지했다가 이런 시그널이 나타나면 간 기능 증진에 도움이 되는 식이요법과 안정을 취해야 한다.

간은 지방간이나 간 섬유화가 진행될 때까지는 식이요법과 안정을 취하면 회복이 가능하지만 실제로 간경화나 간암으로 진행되면 회복이 아주 어렵다. 간 건강은 특히 치료보다 예방이 중요하다. 간을 괴롭히는 3과(과로, 과식, 과음)를 삼가고, 절제된 생활과 식사를 유지하는 게 좋다. 간이 건강하면 활력이 있고, 식사가 즐거우며 면역력도 좋아져 잔병 치례를 줄일 수 있다.

- 관자놀이에 점이나 뾰루지, 기미, 상처가 있으면 만성피로를 알리는 시그널

■ 개요

얼굴의 관자놀이는 '삼초' 라고도 하는데 사람의 기력이나 기운을 나타내는 부위이기도 하다. 이 부위가 맑고 건강한 사람은 생기가 왕성하고 활력이 있다. 그렇지 않은 사람은 늘 피곤하고 지쳐 있다.

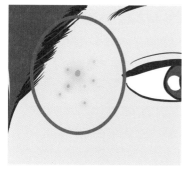

관자놀이에 점이나 주름, 기미나 여드름 상처같은 트러블이 자꾸 생기는 것은 기력이 쇠하고, 기운이 떨어지고 있다는 시그널이다. 관자놀이에 이같은 시그널이 나타나면 만성피로와 간 기능 저하를 의심해봐야 한다.

요즘 자주 피곤하고, 관자놀이 부위에 피부 트러블이 잘 생긴다면 간이 상당히 지쳐 있다는 시그널이다.

알기 쉽게 알려드릴게요!

만성피로의 대표적인 증상은 몸이 무겁고, 의욕이 없으며 식욕이 떨어진다는 것이다. 그리고 두통과 부종, 입마름 증상 등이 나타나는데 이럴 때는 가급적 휴식을 취하면서 간이 스스로 회복할 시간을 가져야 한다. 아울러 양질의 단백질이 함유된 버섯과 살코기 등을 자주 섭취하고, 비타민과 미네랄, 효소가 풍부한 식사를 병행하면 좋다.

얼굴이 노란색을 띠거나 손 색깔이 노랗게 변하면 간 기능 저하를 나타내는 시그널
이다. 간에는 '빌리루빈' 이라는 노란 색소가 들어 있는데 간의 대사기능에 이상이
생기면 빌리루빈이 배출되지 못하고 몸 속에 잔류하게 된다. 이로 인해 손이나 얼굴
이 노랗게 변하게 되는 것이다.

황달도 마찬가지로 간 기능이 상당 부분 저하되었다는 시그널이다. 따라서 이러한
시그널이 나타나면 우선 충분히 휴식을 취하고, 마음의 안정을 취하는 것이 좋다.
물론 양질의 영양소와 비타민, 미네랄 등이 풍부한 질 좋은 영양식을 병행하는 것이
더 좋다.

- 담석증을 나타내는 엄지의 건강이상시그널

■ 개요

간은 바로 아래부위에 담낭쓸개과 연결되어 있다. 담낭은 담즙을 분비하
는 곳으로 간에서 생성되어 분비된 담즙을 저장했다가 십이지장으로 분비
하여 지방 소화를 돕는다.

담즙은 크게 담즙산과 콜레스테롤, 담즙색소로 구성되며 소화 과정에서
위산을 중화시키고, 지방을 유화시켜 물에 비누와 같은 형태로 녹아 있게
함으로써 지방 소화가 가능하도록 도와준다. 담낭에 문제가 생기면 엄지손

가락 손톱 부위 안쪽으로 건강이상시그널이 나타난다.

■ 건강이상시그널

담낭의 건강에 이상이 생기면 엄지손가락의 지문 있는 부위가 노랗게 변하고, 갈라지면서 굳은살과 각질이 나타난다.

담석증이 생기면 엄지의 지문 있는 부위가 노랗게 변하며 갈라지기 시작

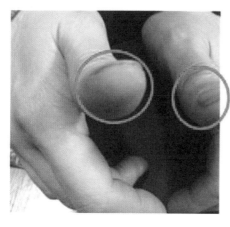

하는 것이다. 이런 시그널은 담석증이 담즙 분비에 영향을 줘 빌리루빈 색소의 대사장애에도 영향을 준 것 같다.

왼쪽의 사진처럼 엄지손가락의 지문 부위가 갈라지고, 노랗게 변하고 있는 것을 확인할 수 있다. 특히, 담석증이 진행되면 지문 부위가 갈라지고 딱딱해 지기 시작하므로 이러한 시그널이 나타나면 바로 병원에 가서 검진을 받아보는 것이 좋다.

담석증은 콜레스테롤과 빌리루빈 색소가 결합된 '혼합 결석' 과 빌리루빈 결석 (색소 결석), 콜레스테롤 결석 등으로 나눌 수 있는데 대부분의 결석은 혼합 결석이다.

담석증은 기름진 음식과 콜레스테롤의 섭취가 많은 사람에게 잘 발생하며 잦은 음주나 담관에 염증이 생겨도 잘 발생한다. 또한, 피임약 과다 복용자나 당뇨 질환자에게도 자주 발생한다.

담석증 예방을 위해선 콜레스테롤과 기름기가 많은 음식은 자제해야 한다. 담즙이 주로 지방 소화에 관여하는 만큼 고지방/고콜레스테롤 식사는 담즙의 잦은 분비와 자극에 영향을 준다. 따라서 저지방식과 저열량식을 하는 게 좋으며 음주와 흡연은 자제하는 것이 좋다.

이렇게 생각합니다!

담석의 크기는 모래알부터 골프공만 한 것까지 매우 다양하다. 담낭에 생긴 담석은 복통이나 발열 등의 특별한 증상이 없으면 큰 문제가 없지만, 담 관에 생긴 담석은 담관암이나 패혈증 등의 위험이 있어 적극적으로 치료해야 한다.

간 내 담관 담석을 갖고 있는 사람의 5%가 담관암으로 발전할 수 있는데 담관암은 생존율이 10% 정도 되는 무섭고 독한 암이라서 특히 주의를 기울여야 한다.

담관이 막히면 담즙 배출이 안 되면서 황달이 생길 수 있고, 담관염이 생겨 간까지 염증이 올라가면 생명을 위협하는 패혈증으로 발전할 수 있으니 조심해야 한다.

이제 건강은 관리하지 말고 경영하라

21세기를 사는 우리에게 건강은 가장 중요한 관심사다. 수많은 건강 관련 서적들은 건강을 관리하는 방법에 대해 많은 이야기를 한다. 하지만, 이제 건강은 관리의 대상이 아니라 경영의 대상이 되어야 한다. 즉, 이제는 '건강 경영'을 하자는 말이다.

경영이란, 목표를 세우고, 인적·물적 자원을 투자하여 유기적인 프로세스를 거쳐 소정의 성과를 내는 일련의 활동이다. 건강 경영도 우리 몸이 단순한 관리를 위한 대상이 아니라 건강을 위한 달성 가능한 목표를 세우고, 유기적인 프로세스를 거쳐 이전보다 더 나은 성과를 내게 해야 한다.

예를 들면, 몸이 약한 사람은 몸이 더 튼튼해지고, 뚱뚱한 사람은 몸이 날씬하고 멋진 상태로 개선되고, 알레르기가 있는 사람은 알레르기가 개선되도록 하는 것이 건강경영이다. 이전보다 더 나은 상태의 건강 관련 성과를 내는 것이다.

우리 몸의 근육은 자주 움직이고 단련하면 단단해지면서 강해진다. 마찬

가지로 우리 마음도 자주 단련하면 '마음의 근육' 이란 것이 생긴다. 마음에 근육이 생기면, 어려운 일을 잘 헤쳐나갈 수 있는 '회복탄력성' 이라는 것이 생긴다. 아울러 긍정적인 생각과 유연한 사고능력이 강화되기도 한다. 건강을 경영하기 위해선 다음의 내용들을 명심하라.

우선, 내 건강에서 문제점이 무엇인지 먼저 파악한다.

둘, 문제점을 해결하기 위해 우선순위를 정한다.

셋, 우선순위에 따라 해결 가능한 일부터 시작한다.

넷, 건강 경영에 투자해야 할 시간과 에너지를 분석한다.

다섯, 건강 경영에 도움이 되는 식습관을 개선한다.

여섯, 건강 경영에 도움이 되는 운동을 시작한다.

일곱, 건강 경영을 위한 긍정적인 다짐을 매일 아침, 저녁으로 2회씩 한다. (건강 다짐 : "나는 건강해질 것이며 건강을 위해 나를 사랑하며 계속 노력할것이다.")

여덟, 매일 건강일지를 작성한다.

아홉, 건강일지를 통해 피드백을 매일 한다.

열, 자신을 믿고, 자신의 스타일에 맞는 건강 원칙을 평생 지키며 노력한다.

우리 몸은 가만히 내버려두면 쉽게 물러진다. 자주 사용하고 단련해줘야 기능이 향상된다. 뼈와 근육도 자주 사용해야 단련되며 마음도 자주 단련해야 단단해진다.

우리는 청년 시절처럼 건강을 다시 회복하고, 아울러 이전보다 더 강하게 증진하기 위해서는 우리 몸이 보내는 건강이상시그널을 잘 활용해야 한다. 우리 몸이 보내는 건강이상시그널을 손과 귀, 얼굴 등을 통해 사전에 미리 확인하여 대비해야 한다.

건강이상시그널을 잘 활용하면 건강 경영에 큰 도움이 된다. 병원에 당장 가지 않더라도 스스로 건강이상에 대해 자가 체크가 가능하기 때문이다. 자신의 건강이상뿐만 아니라 가족과 친구의 건강 상태도 확인할 수 있다. 또한, 건강 관련 일을 하는 사람이라면 고객의 건강 상태도 점검할 수 있다.

건강은 올바른 인식과 자신의 강한 의지가 병행되어야 지킬 수 있다. 아니, 더 나은 상태로 건강을 증진할 수 있다. 건강을 증진하기 위해선 다양한 건강이상시그널을 적절하게 활용하고, 바람직한 식습관과 적절한 운동요법을 병행하여 체계적으로 관리해야 가능하다.

아울러 자신을 믿고, 사랑할 줄 알며 타인과는 다름을 인정하고, 원만한 인간 관계를 유지하도록 노력하는 것이야말로 현대를 사는 사람들의 복잡한 정신 건강에도 많은 도움이 될 것이다.

공부유감

이창순 지음
252쪽 | 14,000원

핫팁

노경한 지음
298쪽 | 14,000원

놓치기 아까운
젊은 날의 책들

최보기 지음
248쪽 | 13,000원

뚜띠쿠치나에서 인문학을
만나다

이현미 지음
216쪽 | 14,000원

내 글도 책이 될까요?

이해사 지음
320쪽 | 15,000원

걷다 느끼다 쓰다

이해사 지음
364쪽 | 15,000원

베스트셀러
절대로 읽지 마라

김욱 지음
288쪽 | 13,500원

책속의 향기가
운명을 바꾼다

다이애나 홍 지음
257쪽 | 12,000원

살아가면서 한번은 당신에 대해 물어라

이철휘 지음
252쪽 | 14,000원

1등이 아니라 1호가 되라 (양장)

이내화 지음
272쪽 | 15,000원

감사, 감사의 습관이 기적을 만든다

정상교 지음
242쪽 | 13,000원

아바타 수입

김종규 지음
224쪽 | 12,500원

직장생활이 달라졌어요

정정우 지음
256쪽 | 15,000원

4차산업혁명의 패러다임

장성철 지음
248쪽 | 15,000원

리더의 격 (양장)

김종수 지음
244쪽 | 15,000원

숫자에 속지마

황인환 지음
352쪽 | 15,000원

공복과 절식

양우원 지음
267쪽 | 14,000원

내 몸이 아픈 이유는 무엇일까

임청우 지음
272쪽 | 14,000원

프로폴리스 면역혁명

김희성 · 정년기 지음
240쪽 | 14,000원

질병은 치료할 수 있다

구본홍 지음
240쪽 | 12,000원

암에 걸려도 살 수 있다

조기용 지음
247쪽 | 15,000원

암에 걸린 지금이 행복합니다

곽희정 · 이형복 지음
246쪽 | 15,000원

정력의 재발견

양우원 지음
264쪽 | 14,500원

노니 건강법

정용준 지음
156쪽 | 12,000원

당신이 생각한 마음까지도 담아 내겠습니다!!

책은 특별한 사람만이 쓰고 만들어 내는 것이 아닙니다.
원하는 책은 기획에서 원고 작성, 편집은 물론,
표지 디자인까지 전문가의 손길을 거쳐
완벽하게 만들어 드립니다.
마음 가득 책 한 권 만드는 일이 꿈이었다면
그 꿈에 과감히 도전하십시오!

업무에 필요한 성공적인 비즈니스뿐만 아니라 성공적인 사업을 하기 위한
자기계발, 동기부여, 자서전적인 책까지도 함께 기획하여 만들어 드립니다.
함께 길을 만들어 성공적인 삶을 한 걸음 앞당기십시오!

도서출판 모아북스에서는 책 만드는 일에 대한 고민을 해결해 드립니다!

모아북스에서 책을 만들면 아주 좋은 점이란?

1. 전국 서점과 인터넷 서점을 동시에 직거래하기 때문에 책이 출간되자마자 온라인, 오프라인 상에 책이 동시에 배포되며 수십 년 노하우를 지닌 전문적인 영업마케팅 담당자에 의해 판매부수가 늘고 책이 판매되는 만큼의 저자에게 인세를 지급해 드립니다.

2. 책을 만드는 전문 출판사로 한 권의 책을 만들어도 부끄럽지 않게 최선을 다하며 전국 서점에 베스트셀러, 스테디셀러로 꾸준히 자리하는 책이 많은 출판사로 널리 알려져 있으며, 분야별 전문적인 시스템을 갖추고 있기 때문에 원하는 시간에 원하는 책을 한 치의 오차 없이 만들어 드립니다.

기업홍보용 도서, 개인회고록, 자서전, 정치에세이, 경제 · 경영 · 인문 · 건강도서

모아북스 문의 0505-627-9784
MOABOOKS

증상으로 알아보는 쾌속진단
손으로 보는 건강법

초판 1쇄 인쇄 2022년 05월 10일
     1쇄 발행 2022년 05월 25일

지은이	이 욱
발행인	이용길
발행처	**모아북스** MOABOOKS

관리	양성인
디자인	이룸
총괄	정윤상

출판등록번호	제 10-1857호
등록일자	1999. 11. 15
등록된 곳	경기도 고양시 일산동구 호수로(백석동) 358-25 동문타워 2차 519호
대표 전화	0505-627-9784
팩스	031-902-5236
홈페이지	www.moabooks.com
이메일	moabooks@hanmail.net
ISBN	979-11-5849-177-2 03570

모아북스 MOABOOKS 는 독자 여러분의 다양한 원고를 기다리고 있습니다.
(보내실 곳 : moabooks@hanmail.net)